小小科学馆 知识天天看

神奇的发明

策划：光玉
主编：郭漫

航空工业出版社

北京

内 容 提 要

本书以简洁的语言、精美的图片,为我们展现了人类历史长河中种种神奇的发明。这些都是人类智慧的结晶,极大地改变了人类的生活。

全书分为4个章节,分别从文化与艺术、生活与医学、通信与军事、科学与技术等方面,分门别类地介绍了这些发明的发展历程和它对人类产生的影响。置身于这些神奇的发明,不禁感慨万千,越来越多的科技成果在不知不觉中悄然改变着我们的生活。通过阅读本书,还可以让青少年意识到"创意就在身边",生活中的一点一滴都能成为创造的源泉。

图书在版编目(CIP)数据

神奇的发明/郭漫主编.--北京:航空工业出版社,2013.1(2020.7 重印)
(小小科学馆)
ISBN 978-7-5165-0036-1

Ⅰ.①神… Ⅱ.①郭… Ⅲ.①创造发明—儿童读物 Ⅳ.①N19-49

中国版本图书馆 CIP 数据核字(2012)第 146229 号

神奇的发明
Shenqi de Faming

航空工业出版社出版发行
(北京市朝阳区北苑2号院　100012)
发行部电话:010-84936597　010-84936343

北京一鑫印务有限责任公司印制　　　　　全国各地新华书店经售
2013年1月第1版　　　　　　　　　　　2020年7月第3次印刷
开本:700×1000　1/16　　　　　　　　　印张:8　字数:240千字
印数:25001-30000　　　　　　　　　　　定价:16.80元

如有印装质量问题,我社负责调换。

前言

科学技术的飞速发展为人们创造了无穷的物质财富,使现在的人们享有前人无法企及的巨大能量。这些卓越的成果改变了人类生产和生活的方式及质量,同时也改变了人类的思维观念和对世界的认知,改变并继续改变着世界的面貌。

在人类发展的漫长历史中,出现了很多发明创造,比如文字的发明,以及天文、历法、数学等方面取得的辉煌成就,这些都是人类智慧的结晶。科学技术的发展一点一滴地深入人类的生产和生活,以致使人类的生活产生了翻天覆地的变化。

当人类的历史推进到20世纪时,科学技术发展到了空前辉煌的时代。美国科学家富兰克林曾说:"将来人类的知识将会大大增长,今天我们想不到的新发明将会屡屡出现,我有时候几乎后悔自己出生过早,以致无法知道将来出现的新事物。"他的话说得不错。近100年来,人类的科技只能用日新月异这个词来形容,如果让一个生活在1900年的人来看今天的世界,他会认得汽车、电话、飞机,他也许还能想象出宇宙飞船、深海潜艇,但绝对会对计算机、互联网、基因工程、核能一无所知。现在,知识爆炸给了人类前所未有的自信和乐观。20世纪科技的进步和发展彻底改变了人类的生存方式,也使人类思考的方向有了新的变化。

但令人类遗憾的是,科技永远是一柄双刃剑,它给人类带来便利与财富的同时也给人类带来了无法摆脱的灾难。

在生物技术中出现的克隆技术,引发了人们的道德争议;需百年才能降解完的白色垃圾——塑料,成为21世纪破坏自然环境的主要杀手。人们无法否认科学的两面性,因此,每一位发明家无疑都要面临着造福与作孽、急功近利与从长计议的选择,而其中的关键在于是否善待生命,是否要保护人类赖以生存的自然环境。相信任何一项以破坏环境为代价的发明,都会受到道德法庭的审判。

编 者

目录

文字——文明社会产生的标志 …………… 002
历法——以时间计算时间 ………………… 003
二十四节气——指导农事的补充历法 …… 005
纪年——最重要的时间坐标 ……………… 006
圆周率——人类对精确度的坚持 ………… 007
造纸术——人类文化的载体 ……………… 009
活字印刷术——一次伟大的技术革命 …… 010
瓷器——中国"第五大发明" …………… 011
报纸——信息传递的媒介 ………………… 012
铅笔——简约实用的书写工具 …………… 013
阿拉伯数字——最完善的数字制 ………… 014
化学元素周期表——揭示物质世界的秘密 … 015
五笔字型——最高级的汉字输入法 ……… 017
音乐——反映现实生活的一种艺术 ……… 018
记谱法——让旋律得以流传 ……………… 019
小提琴——最优雅的独奏乐器 …………… 021
钢琴——乐器之王 ………………………… 022
足球——世界"第一运动" ……………… 023
篮球——时下越发火热的运动项目 ……… 024
桥——跨水行空的道路 …………………… 026
地图——大千世界尽收眼底 ……………… 027
电影——让世界在胶片上流淌 …………… 028

第1章 文化与艺术

第2章 生活与医学

火种——最初的温暖 ……… 031
火柴——最实用的取火工具 ……… 032
香烟——带来"轻松"也带来危害 ……… 034
方便面——最成功的快餐 ……… 035
洗涤剂——远离污秽一尘不染 ……… 036
塑料——一把令人遗憾的科技双刃剑 ……… 037
电视机——小小窗口知天下 ……… 038
电冰箱——现代生活的必备家电 ……… 040
空调——空气的调节器 ……… 041
抽水马桶——"卫生水准的标尺" ……… 042
眼镜——眼睛的得力助手 ……… 043
拉链——精致巧妙的设计发明 ……… 044
手表——时光在腕上流逝 ……… 045
再生纸——用行动保护生态环境 ……… 047
青霉素——葡萄球菌的克星 ……… 048
抗生素——细菌的天敌 ……… 049
毒品——一条不归路 ……… 050
克隆科技——生物学的奇迹 ……… 051
疫苗——坚守人类的健康 ……… 053
胰岛素——细胞代谢的重要调节物 ……… 054
CT扫描仪——透视人体的每一寸构造 ……… 055
人造器官——人体器官也可以是"零件" ……… 056
基因工程——解读人类最隐秘的密码 ……… 057

第3章 通信与军事

电报——莫尔斯的神奇之举 ……… 059
电话——见证电流传递声音的奇迹 ……… 060
火药——让人类更具有破坏力 ……… 062
手枪——最轻便的武器 ……… 063
步枪——最佳的近战武器 ……… 065
坦克——陆战霸王 ……… 067
地雷——最隐秘的陆地武器 ……… 068
航空母舰——海上巨无霸 ……… 069
雷达——最神奇的"眼睛" ……… 071
导弹——最常见的毁灭性武器 ……… 072
火箭——带领人类飞往宇宙 ……… 073
核武器——人类和平的宿敌 ……… 074
原子弹——令世界离末日近些,再近些 ……… 075
生化武器——最不人道的武器 ……… 076

指南针——打开了世界之门 ………… 078
显微镜——让微观世界更透彻 ………… 079
光纤技术——让传输更美妙 ………… 080
望远镜——看得更远 ………… 082
避雷针——雷电时建筑物的安全卫士 ………… 084
蒸汽机——工业革命的标志 ………… 085
火车——最佳的轨道交通工具 ………… 087
汽车——最普遍的交通工具 ………… 089
自行车——绿色环保的交通工具 ………… 090
齿轮——小事物改变大世界 ………… 092
高速公路——推动经济发展的纽带 ………… 094
磁悬浮列车——悬空飞驰的交通工具 ………… 095
飞机——为人类插上飞翔的翅膀 ………… 096
轮船——专属海洋的交通工具 ………… 098
照相机——记录每个瞬间 ………… 100
计算机——引领人类走进信息时代 ………… 102
机器人——另外一种"人类" ………… 104
电池——携带轻便的"能量源" ………… 106
电灯——带领人类冲出黑暗的战神 ………… 108
核能——令人生畏的能源 ………… 109
互联网——让世界从此变成"村落" ………… 111
激光——最具穿透力的光源 ………… 113
太阳能技术——让阳光不仅仅是阳光 ………… 115
人造卫星——太空时代的到来 ………… 117
宇宙飞船——帮助人类探究地外的文明 ………… 119
纳米技术——让世界走向更微观 ………… 121

第4章 科学与技术

第 1 章
文化与艺术

　　文字的出现为人类的文明树起了一座不朽的丰碑，从此人类有了属于自己的记录载体，为日后人类文明的传承和科学的发展储备了丰富的资料。

　　当人类进入文明社会，并不仅仅是物质财富得到了积累，同时精神文明也不断发展起来，人们在从事生产劳动中逐渐掌握了数字和历法的应用，从此人类开始了对自然规律的研究。

　　当社会逐渐形成时，人们的认识水平大大提高，随着物质财富的极大丰富，音乐等一系列高度文明也走上人类历史舞台，人类的生活变得更加丰富多彩。

文字
——文明社会产生的标志

人类社会的文明，严格意义上说是从文字诞生开始的。文字是记录和传播语言的符号系统，是扩大语言在时间和空间上的交际功能的文化工具。

文字与汉字

文字是社会发展到一定阶段的产物，对人类文明的发展起了很大的促进作用。

首先，文字起源于图画。世界上所有的自源文字都起源于图画，也就是文字画。由文字画到图画文字，质的转变就在于浑然一体的图画逐步变成了与语言中的词相对应的独立的表意符号。当这些表意符号借助假借的手段，能够完整地按语言中词的顺序去记录实词和虚词的时候，成熟的文字体系就诞生了。古埃及的圣书字、古代苏美尔人的楔形文字，以及中国商代的甲骨文，都是起源于图画的古老文字体系。

↑古代苏美尔人的楔形文字

其次，文字是记录和传播语言的符号系统。这就是说，语言是第一性的，而文字是第二性的。语言是一种符号系统，文字就是这种符号系统的符号系统，文字首要的存在理由就在于记录和传播语言，使语言克服空间和时间的局限，流传异地、流传久远。

最后，文字既表音又表意。也就是说，可以见形知义。

说汉字可以不通过记录语言而直接表达观念，似乎是在褒扬汉字，其实恰恰是在贬低汉字。因为只有文字画或者一般的符号，才是不通过语言而直接表示概念的。例如，在包装箱上画一只高脚杯或画一把雨伞表示物品易碎或防止雨淋，在瓶子上画一个骷髅和两根交叉的骨头表示瓶子里装的是有毒物品。这些一目了然的符号，哪国人看了都会明白，即使是一字不识的人看了也明白是什么意思。

↑这些很容易辨识的图形代表着某些含义，但它们并不能代替文字。

历法
——以时间计算时间

历法是年、月、日等记时单位按一定法则组合，记录和计算较长时间的系统。历法的制定一般分为三类：年、日依据天象的称为阳历，月、日依据天象的称为阴历，年、月、日都依据天象的称为阴阳历。

🌕 定制历法的原则

纵观古今中外的历法，其制定的基本原则有以下几方面：

第一，必须明确规定起始点，即开始计算的年代，这叫"纪元"；以及规定一年的开端，这叫"岁首"。

第二，人为设计的年（历年）和月（历月）的天数必须是整日数。这样可以保证完整的一天只出现在同一年或一个月之中，而不会被分开。

第三，多个历年的平均天数可以不是整日数，但是要保证每年的平均长度尽可能地接近于非整日数的回归年。

第四，多个历月的平均天数可以不是整日数，但是要保证每月的平均长度尽可能地接近于非整日数的朔望月（朔望月是月球公转的一种周期，长度为 29.5306 日）。就是说，历法要尽可能准确地反映地球和月球运动的周期，使其符合四季变化规律和月相变化规律，在指导生活、安排生产等方面具有实用价值。

在制定历法时，还必须考虑到它的通用性，尽量能为广大范围的国家和地区所共同使用。同时应该做到简明、易记。这些看似简单的问题其实非常复杂，不仅需要长期连续的天文观测作为知识基础，而且需要相当的智慧。

🌕 历法的分类

理想的历法应该使用方便，容易记忆，历年的平均长度等于回归年，历月的平均长度等于朔望月。实际上这些要求是根本无法同时达到的，在一定长的时间内，平均历年或平均历月都不可能与回归年或朔望月完全相等，总要有些零数。因此，目前世界上通行的几种历法，实际上没有哪一种称得上是最完美的。

人们想尽办法来安排日月年的关系。在历史上，在世界各地，存在过千差万别的历法，但就其基本原理来讲，不外乎三种：太阴历（阴历）、太阳历（阳历）和阴阳历。三种历法各自有各自的优缺点，目前世界上通行的"公历"实际上就是太阳历。

历法对人们生产生活的重大影响

在世界上，中国是最早发明历法的国家之一，历法的出现对中国经济、文化的发展有一定的影响。中国的传统历法是农历，也被称为"阴历"、"殷历"、"古历"、"黄历"、"夏历"和"旧历"等。农历属于阴阳历并用，一方面以月球绕地球运行一周为一"月"，平均月长度等于"朔望月"，这一点与阴历原则相同，所以也叫"阴历"；另一方面设置"闰月"，以使每年的平均长度尽可能接近回归年，同时设置二十四节气以反映季节的变化特征，因此农历集阴、阳两历的特点于一身，也被称为"阴阳历"。至今几乎全世界所有华人以及朝鲜半岛和越南等国家，仍旧使用农历推算传统节日，如春节、中秋节、端午节等节日。

在今天看来，当时历法的产生是中国古人为了掌握农务的时候（简称农时），长期观察天体运行的结果。中国的农历之所以被称为阴阳合历，是因为它不仅有阳历的成分，还有阴历的成分。它把太阳和月亮的运行规律合为一体，作出了两者对农业影响的总结，所以中国的农历比纯粹的阴历或西方普遍利用的阳历实用方便。

农历是中国传统文化的代表之一，它的准确巧妙常常被中国人视为骄傲。

↑ 印度国定历是一种太阳历，每年日子数目和格里历一致，闰年设置也和格里历一致，但月份设置以黄道十二宫为准。

二十四节气
——指导农事的补充历法

二十四节气是根据地球在环绕太阳运行的轨道上所处位置划定的，属于阳历的范畴。地球绕太阳公转一周为360°，以春分时为0°，清明时为15°，以后每隔15°为一个节气。

二十四节气的起源

二十四节气起源于黄河流域，远在春秋时代，就定出了仲春、仲夏、仲秋和仲冬等四个节气。之后经过不断地改进与完善，到秦汉年间，二十四节气已完全确立。公元前104年，由邓平等制定的《太初历》，正式把二十四节气订于历法，明确了二十四节气的天文位置、二十四节气的发明时间与发明人。

二十四节气是我国所独创的，它表示了地球在轨道上运行的24个不同的位置，刻画出一年中气候变化的规律。地球绕太阳旋转，视运动一周为360°，分成24等份，每份15°（大约半月时间）就有一个节气。

二十四节气对中国的影响

二十四节气是中国历法的独创，是我国古代科学文化的辉煌成就之一。二十四节气的划定是我国古代天文和气候科学的伟大成就。2000多年来，它在安排和指导农业生产过程中，发挥了重大的作用。二十四节气为中国传统节日的产生提供了前提条件，使得中华民族的一些独特风俗文化融入传统节日中，并一直延续发展，经久不衰。

	节气名	立春（正月节）	雨水（正月中）	惊蛰（二月节）	春分（二月中）	清明（三月节）	谷雨（三月中）
春季	节气日期	2月4或5日	2月19或20日	3月5或6日	3月20或21日	4月4,5或6日	4月20或21日
	太阳到达黄经	315°	330°	345°	0°	15°	30°
	节气名	立夏（四月节）	小满（四月中）	芒种（五月节）	夏至（五月中）	小暑（六月节）	大暑（六月中）
夏季	节气日期	5月5或6日	5月21或22日	6月5或6日	6月21或22日	7月7或8日	7月23或24日
	太阳到达黄经	45°	60°	75°	90°	105°	120°
	节气名	立秋（七月节）	处暑（七月中）	白露（八月节）	秋分（八月中）	寒露（九月节）	霜降（九月中）
秋季	节气日期	8月7或8日	8月23或24日	9月7或8日	9月23或24日	10月8或9日	10月23或24日
	太阳到达黄经	135°	150°	165°	180°	195°	210°
	节气名	立冬（十月节）	小雪（十月中）	大雪（十一月节）	冬至（十一月中）	小寒（十二月节）	大寒（十二月中）
冬季	节气日期	11月7或8日	11月22或23日	12月7或8日	12月21或22日	1月5或6日	1月20或21日
	太阳到达黄经	225°	240°	255°	270°	285°	300°

纪年
——最重要的时间坐标

纪年是人们给某一年起名的方法，主要的方法有帝王纪年、公元纪年、岁星纪年、干支纪年等。

中国在汉武帝以前用帝王纪年，从即位年用元年、二年、三年……改元时，用"中二年"、"后元年"等。从汉武帝到清末，用年号纪年。1911年推翻帝制之后采用民国诞生时间来纪年，兼或使用公元纪年。1949年中华人民共和国成立以后采用全世界通用的公元纪年。

🟡 公元纪年

现在在国际上通用的纪年是西方公元纪年制，过去也叫做"耶稣基督纪元"、"纪元"、"公元"等。在西方国家，用略语 AD 表示，取自拉丁语 Anno Domini，Anno 是"年"，Domini 是"主"的意思；在英语中是"in the year of our Lord"，"in the year of the Christianera"，大致是"吾主纪元"、"耶稣基督纪元"的意思。"公元前"，西方略语为 BC，即"before Christ"，"耶稣基督之前"的意思。所以，公元纪年制是从耶稣基督降生开始纪年。

🟡 纪年的重大意义

在创立各国通行的纪年方法以前，世界各地纪年方法都很混乱。我国从很早就是一个皇帝一个年号，从登基开始纪年。欧洲有从某城市建城开始纪年的方法，有的地方根本没有纪年方法。许多历史文献记载当时发生的事件，涉及人物、地点、情节等，但没有年、日期的记载，没有"时间坐标"，偶尔有季节、时辰的描述，所以，为文献记载的事件定出时间坐标，尤其是纪年，就成为史学研究的重要领域。

现行国际通用的公元纪年法，使得世界各国对各类事件的记述有了统一的时间坐标，让交流与沟通变得更容易。

神奇的发明

圆周率

——人类对精确度的坚持

圆周率是指圆的周长同它直径的比值,它是一个常数,用希腊字母 π 表示。π =3.14159265358979323846……它又是一个无理数,又是超越数。在中国古代有圆率、圆率周等名称。

古老的圆周率

古希腊的欧几里得在《几何原本》(约公元前 3 世纪初)中提到圆周率是常数,中国古算书《周髀算经》(约公元前 2 世纪)中有"径一而周三"的记载,也认为圆周率是常数。历史上曾采用过圆周率的多种近似值,早期大都是通过实验而得到的结果,如古埃及纸草书(约公元前 1700 年)中取 π ≈3.1604。

第一个用科学方法寻求圆周率数值的人是阿基米德,他在《圆的度量》(公元前 3 世纪)中用圆内接和外切正多边形的周长确定圆周长的上下界,从正六边形开始,逐次加倍计算到正 96 边形,得到 [3+ (10/71)] < π < [3+ (1/7)],开创了圆周率计算的几何方法(亦称古典方法或阿基米德方法),得出精确到小数点后两位的 π 值。

↑ 首先提出圆周率是个常数的人是古希腊数学家欧几里得。

探索圆周率的漫漫长路

中国数学家刘徽在注释《九章算术》时(公元 263 年)只用圆内接正多边形就求得 π 的近似值,也得出精确到小数点后两位的 π 值,他的方法被后人称为割圆术。南北朝时代的数学家祖冲之进一步得出精确到小数点后 7 位的 π 值(约 5 世纪下半叶),给出不足近似值 3.1415926 和过剩近似值 3.1415927,除此之外还得到两个近似分数值,密率 355/113 和约率 22/7。

↑ 阿基米德早在几千年前就开创了圆周率计算的几何算法。

这个密率在西方直到1573年才由德国人奥托得到，1625年发表于荷兰工程师安托尼斯的著作中，欧洲称之为"安托尼斯率"。

阿拉伯数学家卡西在15世纪初求得圆周率17位精确小数值，打破祖冲之保持近千年的纪录。荷兰数学家鲁道夫·科伊伦于1596年将π值算到20位小数值，后投入毕生精力，于1610年算到小数点后第35位，该数值被用他的名字称为"鲁道夫数"。

1579年法国数学家韦达给出π的第一个解析表达式。此后，无穷乘积式、无穷连分数、无穷级数等各种π值表达式纷纷出现，π值计算精度也迅速增加。1706年英国天文学教授梅钦计算出的π值突破100位小数大关。1873年另一位英国数学家尚可斯将π值计算到小数点后707位，可惜他算出的结果从528位起是错的。到1948年，英国的弗格森和美国的伦奇共同发表了π的808位小数值，成为人工计算圆周率值的最高纪录。

↑ 我国伟大的数学家祖冲之所得出的圆周率精确值保持了近千年之久。

电子计算机的出现使π值计算有了突飞猛进的发展。1949年美国马里兰州阿伯丁的军队弹道研究实验室首次用计算机（ENIAC）计算π值，一下子就算到2037位小数，突破了千位数。1989年美国哥伦比亚大学研究人员用克雷–2型和IBM–VF型巨型电子计算机计算出π值小数点后4.8亿位数，后又继续算到小数点后10.1亿位数，创下了新的纪录。

除π的数值计算外，它的性质探讨也吸引了众多数学家。1761年德国数学家兰伯特第一个证明π是无理数。1794年法国数学家勒让德又证明了$π^2$也是无理数。到1882年德国数学家林德曼首次证明了π是超越数，由此解释了困惑人们2000多年的"化圆为方"尺规作图问题是无解的。还有人对π的特征及与其他数字的联系进行研究，如1929年苏联数学家格尔丰德证明了eπ是超越数等。

造纸术
——人类文化的载体

神奇的发明

造纸术是我国古代四大发明之一。早在 1800 多年前，造纸术的发明者蔡伦（此说法存疑）即使用树肤（树皮）、麻头（麻屑）、敝布（破布）、破鱼网等为原料制成"蔡侯纸"，于公元 105 年献给东汉和帝，受到高度赞扬。

造纸术的传播

造纸术在我国由发明而发展，遍及全国。到 7 世纪初期（隋末唐初）开始东传至朝鲜、日本；8 世纪西传入撒马尔罕，就是后来的阿拉伯，接着又传入巴格达；10 世纪传到大马士革、开罗；11 世纪传入摩洛哥；13 世纪传入印度；14 世纪到达意大利，意大利很多城市都建了造纸厂，成为欧洲造纸术传播的重要基地，从那里再传到德国、英国；16 世纪传入俄国、荷兰；17 世纪传到英国；19 世纪传入加拿大。

↑古代造纸的工艺流程

①切麻　②洗涤　③漫灰水　④蒸煮　⑤舂捣　⑥打浆　⑦抄纸　⑧晒版　⑨揭纸

造纸术对文化传播的重大影响

造纸术是中国古代最伟大的发明之一，也是人类文明史上的一项杰出成就。造纸术的伟大之处，首先在于纸张作为人类文化载体的重大作用。造纸术被发明之后，纸张便以新的姿态进入社会文化生活之中，并逐步在中国大地传播开来后传到海外。这是书籍材料的伟大变革，在人类文明史上具有划时代意义。造纸术的发明大大提高了纸张的质量和生产效率，扩大了纸的原料来源，降低了纸的成本，为文化的传播创造了有利条件。

活字印刷术
—— 一次伟大的技术革命

活字印刷术的发明是印刷史上一次伟大的技术革命。北宋庆历年间中国的毕昇(约970—约1051年)发明的泥活字,标志着活字印刷术的诞生。因此他是世界上第一个活字印刷发明人,比德国谷登堡活字印书早约400年。

活字排版印刷

活字印刷前,先用胶泥刻成一个个的单字,用火烧硬,就成了活字。排字的时候,依照稿本拣出所需要的字,排在一块放有松香、蜡、纸灰的铁板上面,用铁框围住四周。活字排满一板之后,就用火烘热,使松香和蜡熔化,再用平板从上面压平,使板上的字面平整。铁板冷却以后,活字就固定在板上,可以上墨印刷了。印刷完毕,再把字板烘热,取下活字,留备以后再用。常用单字往往准备好几个,甚至20多个。同时,他又拿两块铁板交替使用,一块排字,另一块印刷,大大缩短了排印的时间。

← 现存最早的活字印刷品实物:北宋崇宁二年(1103年)的《佛说观无量寿佛经》残页

活字印刷的传播

毕昇发明的活字印刷术,由于封建统治阶级不重视劳动人民的发明创造,在他生前没有得到推广。后代科学家根据胶泥活字改进了活字印刷技术,使其更加完善。随着中外经济文化的交流,13世纪以后,中国的活字印刷术逐渐传播到朝鲜、日本、欧洲等地,到19世纪后,活字印刷术已传遍全世界。

神奇的发明

瓷器
——中国"第五大发明"

中国是世界上率先发明瓷器的国家，为人类历史写下了光辉的一页。瓷器的发明，堪称我国的"第五大发明"，为我国赢得了"瓷器之国"的盛誉。

瓷器的历代发展

"瓷器"的发明始于汉代，至唐、五代时渐趋成熟，宋代为瓷器业蓬勃发展时期，出现了定、汝、官、哥、钧等名窑。元代时青花和釉里红等新品迭出，明代继承并发展了宋瓷传统，宣德年间成化窑制品尤为突出。清代瓷器古雅浑朴的风格比前时稍逊，却胜在精巧华丽、美妙绝伦的造型，康熙、雍正、乾隆时所制器物，更是出类拔萃，令人叫绝。

↓ 在中国，精美的瓷器不仅用于日常生活，如水具、盛器等，还被广泛地用于观赏、收藏甚至是乐器等，如最下面的埙。

瓷器的传播

中国陶瓷输出的地区最初主要是亚洲地区。18世纪初，西欧皇室和宫廷开始兴起收藏中国瓷器之风。葡萄牙开辟新航路之后，瓷器也成为欧洲社会最珍贵的礼物。这一时期，欧洲流行的洛可可（Rococo）艺术风格，以生动、幽雅、甜美、自然为特色，其倡导的艺术作风与中国艺术风格中的精致、柔和、纤巧和幽雅殊途同归。这也促进了包括瓷器在内的、有"中国风格"的物品流传至整个欧洲社会。

中国瓷器行销全世界，成为世界性的商品。China一词也随着中国瓷器在英国及欧洲大陆的广泛传播，转而成为瓷器的代名词，使得"中国"与"瓷器"成为密不可分的双关语。

报纸
——信息传递的媒介

报纸是以刊载新闻和时事评论为主，以定期、连续、散页的方式向公众发行的出版物，是把个人同国家、世界联系起来的纽带和桥梁，是以传播新闻为主、反映和引导舆论的重要宣传工具。

报纸从雏形走向成熟

早在2000多年前，中国就出现过类似报纸的文书抄本。它是当时的官府用以抄发皇帝谕旨和臣僚奏议等文件及有关政治情况的刊物，称为"邸报"。它具有报刊的某些特点，可认为是最早形式的"政府公报"。原藏于敦煌莫高窟的唐代《进奏院状》，是中国已知的最早的一份手抄邸报。

↑ 各种各样的报纸已经成为人们生活中必不可少的信息源，对于很多人来说，读报甚至是每天必做的事情。

最早使用印刷术印刷的报纸大约出现在1450年的欧洲。报道哥伦布发现新大陆经历的报纸出现在1493年，是罗马当时印制的第一份报纸。当时的报纸并非天天出版，只是在有重大新闻时才临时刊印。

1609年，索恩在德国出版了《艾维苏事务报》，每周出版一次，这是世界上最早定期出版的报纸。不久，报纸便在欧洲流行起来，这一时期报纸消息报道的来源一般都依赖于联系广泛的商人。

日报首次发行于1650年，是德国人蒂莫特里茨出版的。虽然只发行了3个月左右，但却是世界上第一份日报。

报纸是出版周期最短的定期连续出版物。报纸的基本特点是内容新、涉及面广、读者较多，是影响面比较广的文献信息源，也是现代社会的人们获取信息非常重要的渠道。

铅笔
——简约实用的书写工具

🔸 铅笔发展史

铅笔是一种用石墨或加颜料的黏土做笔芯的笔。

铅笔的历史非常悠久，它起源于2000多年前的古希腊、古罗马。那时的铅笔很简陋，只不过是金属套里夹着一根铅棒，有的甚至只是铅块而已。但是从字义上看，它倒是名副其实的"铅笔"。而我们今天使用的铅笔是用石墨和黏土制成的，里面并不含铅。

现代铅笔的鼻祖诞生于16世纪中叶的英国坎伯兰山脉的布洛迪尔山谷。1565年，在布洛迪尔山谷有人发现了一种被称为石墨的黑色矿石可以用来写字，他们随即将这种矿石切割成细条，运往伦敦出售，供商人们在货篮和货箱上作标记之用，故称为"标记石"。这里的石墨矿简直就像是上帝专为生产铅笔而赐予的，纯度高，光滑而不易折断。后来人们将石墨棒插入钻好的小木棍中，就制成了与今天相近的铅笔。

1761年，德国化学家F.卡斯特建立了世界上第一家铅笔厂。他将石墨、硫磺、锑和松香混合，调成糊状，然后再将其挤压成条烘干，这样就提高了石墨的韧性，而成为今天铅笔的雏形。

1822年，英国的霍金斯与莫达合作，发明了第一支"伸缩式铅笔"。1838年，美国人基拉恩发明了"活动铅笔"。此后又经过多次改进，逐渐发展成为今天的"自动铅笔"。

铅笔是简约实用的书写工具，而钢笔则是我们目前使用最为广泛的书写工具之一。钢笔也叫自来水笔，是一种笔头用金属制成的笔。它跟铅笔一样也经历了一个漫长的历史发展过程。初具今天自来水笔结构的钢笔距今仅有百余年的历史。它是1884年由美国人沃特曼发明的。他利用毛细管的作用，有效地解决了墨水的突然滴漏。此后，又有人对沃特曼的发明进行了改进，将加装墨水的滴管改成了能自动吸墨水的胶皮软管，使用更加方便。

阿拉伯数字
——最完善的数字制

阿拉伯数字又称"印度—阿拉伯数字"。最初由印度人用梵文的字头表示数字，几经演变传至阿拉伯帝国，12世纪初传入欧洲，故称阿拉伯数字。但直至16世纪其写法才与现在基本一致。

↑ 古老的阿拉伯数字

阿拉伯数字的特点

阿拉伯数字是世界上最完善的数字制。它的优点是笔画简单、结构科学、形象清晰、组数简短，所以被世界各国普遍应用，成为一套国际通行的数字体系。

阿拉伯数字是一种数字系统。现代所称的阿拉伯数字以十进制为基础，采用0、1、2、3、4、5、6、7、8、9共10个计数符号。采取位值法，高位在左，低位在右，从左往右书写。借助一些简单的数学符号（小数点、负号等），这个系统可以明确地表示所有的有理数。为了表示极大或极小的数字，人们在阿拉伯数字的基础上创造了科学记数法。

阿拉伯数字的传播

古代印度人创造了数字后，大约到了7世纪时，这些数字传到了阿拉伯地区。到13世纪时，意大利数学家斐波那契写出了《算盘书》，在这本书里，他对数字作了详细的介绍。后来，这些数字又从阿拉伯地区传到了欧洲，欧洲人把这些数字叫做阿拉伯数字。以后，这些数字又从欧洲传到世界各国。阿拉伯数字传入我国，大约是在13~14世纪。由于我国古代有一种数字叫"筹码"，写起来比较方便，所以阿拉伯数字当时在我国没有得到推广运用。20世纪初，随着我国对外国数学成就的吸收和引进，阿拉伯数字在我国才逐渐开始使用，而今，阿拉伯数字在我国推广使用已有100多年的历史。阿拉伯数字现在已成为人们学习、生活和交往中最常用的数字。

↓ 意大利数学家斐波那契在13世纪时写出的《算盘书》里就已经对阿拉伯数字作了详细的介绍。

化学元素周期表

——揭示物质世界的秘密

元素周期表是元素周期律用表格表达的具体形式，它反映元素原子的内部结构和它们之间相互联系的规律。元素周期表简称周期表。元素周期表有很多种表达形式，目前最常用的是维尔纳长式周期表。

元素周期表的出现

1869年，俄国化学家门捷列夫在《俄国化学会志》上发表了他的元素周期表，这张表中包括了当时已发现的所有元素。性质类似的各族是横排，周期是竖排，为未知元素留了4个空格。1871年，他又给出了经过修正补充的第二张表，在新表中共有8组（竖行）和10类（横行）。

1864年德国化学家迈耶尔按元素原子量递增的顺序给出"六元素表"，1868年他也给出了元素周期表，但未公诸于世。1869年门捷列夫周期表发表后不久，他也独立地制出了周期表，于1870年发表，并明确指出元素性质是它们原子量的函数。这张表比门捷列夫周期表对相似的元素族划分得更为完善，而且形成了现在的过渡元素族。

↑ 发明化学元素周期表的俄国化学家门捷列夫

元素周期表的元素分布

元素周期表有7个周期，有16个族和4个区。元素在周期表中的位置能反映该元素的原子结构。周期表中同一横列元素构成一个周期。同周期元素原子的电子层数等于该周期的序数。同一纵行（第Ⅷ族包括3个纵行）的元素称"族"。族是原子内部外电子层构型的反映。

元素周期表能形象地体现元素周期律。根据元素周期表可以推测各种元素的原子结构以及元素及其化合物性质的递变规律。当年，门捷列夫根据元素周期表中未知元素的周围元素和化合物的性质，经过综合推测，成功地预言了未知元素及其化合物的性质。现在科学家利用元素周期表，指导寻找制取半导体、催化剂、化学农药、新型材料的元素及化合物。

元素周期表的重要作用

元素周期律和周期表,揭示了元素之间的内在联系,反映了元素性质与它的原子结构的关系,在哲学、自然科学、生产实践等各方面都有重要意义。

在哲学方面,元素周期律揭示了元素原子核电荷数递增引起元素性质发生周期性变化的事实,从自然科学方面有力地论证了事物变化的量变引起质变的规律性。

元素周期表是周期律的具体表现形式,它把元素纳入一个系统内,反映了元素间的内在联系,打破了曾经认为元素是互相孤立的观点。通过元素周期律和周期表的学习,可以加深对物质世界对立统一规律的认识。

在自然科学方面,周期表为发展物质结构理论提供了客观依据。原子的电子层结构与元素周期表有着密切的关系,周期表为发展过渡元素结构、镧系和锕系结构理论,甚至为指导新元素的合成、预测新元素的结构和性质都提供了线索。元素周期律和周期表在自然科学的许多门类,尤其是化学、物理学、生物学、地球化学等方面,都是重要的工具。

神奇的发明

五笔字型
——最高级的汉字输入法

"输入"一词在汉语的中文信息就是要"用计算机对汉语的音、形、义进行处理。"汉字输入法,通俗地说,就是通过电脑打出汉字的一种方法。

● 汉字输入法的发明

国家标准局于1981年发布《信息交换用汉字编码字符集基本集》GB2312-80,按汉字在该字符集中的位置编码来输入汉字的方法就是区位码。王永民的五笔字型输入法(王码)于1983年推出。

1983年春,王永民研究出了一个用26个字母键高效率地输入汉字的全新方案,这就是"五笔字型"。他潜心研究了5年,抄编了12万张卡片,首创了"汉字字根周期表"和"字词兼容"技术,在世界上,首破电脑汉字每分钟输入100字大关,令世人惊讶。五笔字型获中、美、英三国专利。专家们一致认为,这是一项世界最高水平的汉字输入技术。

● 汉字输入法对汉文化的冲击

计算机投入运用之初,许多人担心汉字和汉语能否跨过文字这道门槛进入高科技的21世纪。随着汉字输入法的发明和日趋精良,这种担忧已经不存在了,但"E时代"的汉字和汉语又遇到了新问题:从今往后,日益增多的电脑用户、"网民"和手机短信的收发者们,无论思考、写作、通信、娱乐和交谈,都将很快习惯于依靠电脑、手机和网络。也就是说,他们将主要通过手指和键盘,而不是通过大脑、口舌、笔墨书写和面对面的交谈来接触汉字与汉语。汉语、汉字和汉文化将越来越"悬"在离心脑一臂之遥的指尖上,其根基之脆弱,命运之不测,自不待烦言。

↑ 王码五笔输入字根表

音乐
——反映现实生活的一种艺术

音乐是一种通过一定的音响组合，表现人们思想感情和生活情态的艺术。音乐一般通过歌唱、演奏，为听众所感受而产生艺术效果。其构成要素和表现手法有旋律、节奏、和声、调式、音色、力度、速度等。音乐可以分为声乐和器乐两大类。

音乐的起源

音乐的起源可以追溯到非常古老的洪荒时代。在人类还没有产生语言时，就已知道利用声音的高低、强弱等来表达自己的思想和情感。

随着人类劳动的发展，逐渐产生了统一劳动节奏的号子和相互间传递信息的呼喊，这便是最原始的音乐雏形了。每当人们庆贺丰收和分享劳动成果的时候，往往以敲打石器、木器来表达内心的欢愉之情，这便是原始乐器的雏形。至于人类社会究竟是从何时开始有了真正的音乐，现已无从考证了。

关于乐器的传说

1. 弦乐器起源的传说

墨丘利（Mercury）是希腊神话中诸神的使神。有一天他在尼罗河畔散步，无意中踩到一个东西，那东西发出了美妙的声音。他低头一看，原来是一个空龟壳内侧附有一条干枯的筋。于是墨丘利从中得到了启发，发明了弦乐器。后人考证弦乐器出现在墨丘利之前，但弦乐的发明有可能正是从龟壳枯筋得到了启发。

2. 管乐器起源的传说

在中国古代，距今5000年的黄帝时期，有一位叫做伶伦的音乐家，传说中他曾进入西方昆仑山内采竹为笛。当时恰有五只凤凰在空中飞鸣，他便合其音而定律。虽然这一传说并不完全可信，但把它作为管乐器起源的趣闻也未尝不可。

神奇的发明

记谱法
——让旋律得以流传

> 用各种记号、符号等把一首曲子的高低、长短、强弱等要素记录下来的方法称为记谱法。

● 各种记谱法的诞生

记谱法对音乐的流传记载具有举足轻重的作用，如果没有记谱法，世界上许多著名的音乐作品就很难流传至今。

中国早在周代就有了文字记谱法，希腊也有过一种用字母作音符，以点和线来标示节拍的记谱法，但已失传。欧洲最初的记谱法是在纸上记下上下符号，标在无伴奏的圣歌词上，表示旋律的起伏高低，以便僧侣们记忆。

类似于现代的记谱法产生于11世纪，是意大利音乐理论家圭多·达雷佐发明的，他用从A至G七个字母，大写代表低音，小写代表高音，重复的小写字母（aa bb…gg）代表更高的音，形成了字母组。我们现在所用的音名大体起源于此。

9世纪，出现了一种以"点"、"钩"、"划"表示音的大概趋向和高低的记谱法。这种符号叫"纽姆"。先是记在一条线上，表示f音，根据符号落在线的上下就有了一个大概的音高标准，后来又加了一条c线。到了11世纪，圭多·达雷佐把线加到四根，音域为8度左右，使音高记谱更准确。以后由于多重唱、演奏的需要又出现了六线、七线谱，甚至十一线谱。

↑为了纪念五线谱的发明与诞生，人们把圭多·达雷佐尊称为"五线谱之父"，如今在他的故居，我们还能够看到镌刻着四线谱的指示牌。

直到16世纪，欧洲各国统一了五线谱，才改变了横线太多所引起的复杂局面，过高或过低的音用加线来表示。以后又出现了适应不同音域、不同用途的高音、中音、低音谱表和记录多种乐器曲谱的大谱表、总谱表等，也都是建立在五线谱之上的。与其他记谱法相比，五线谱具备难以替代的优点：音高形象感强，容易区分高低音；和声立体感强，能同时记录诸多声部及和弦；可记录音调复杂、声部繁多的大型音乐作品；旋律线条清晰，记谱科学适用。为此，五线谱已成为当今世界各国通用的记谱法，对音乐事业的繁荣与发展起着越来越重要的作用。

还有一种由英国音乐教育家葛洛威发明的记谱法，也叫唱名记谱法，唱名记谱法分别用哆、来、咪、发、嗦、啦、西来表示在音阶的音符。不论什么调子，主音总是"哆"，上面的一个音符是"来"，再上一个是"咪"，依此类推。唱名记谱法现在仍用作歌唱训练方法，也是学习传统乐谱的入门方法。这种方法发明于18世纪30年代。

数字记谱法也称简谱，是由7个阿拉伯数字构成的，发明人是法国教会教士苏埃蒂。1665年，苏埃蒂写了一本书，名叫《学习素歌和音乐的新方法》，公布了他所发明的数字简谱。稍后又由法国著名的思想家、教育家和文学家卢梭等加工完善，成为一种完整的记谱法。

这种记谱法后来由葛林、巴雷、谢威三人加以发展和完善，称为葛巴谢记谱法，简称谢氏记谱法。它是用阿拉伯数字1、2、3、4、5、6、7记录音的高低，在数字之后或下面加用横线表示音的长短。由于这种记谱法简单明了，故称之为"简谱"，属于文字乐谱。

简谱具有调式感强、简单易学、便于推广等特点，在我国流行很广。同时它又有着很多不足之处：音高的形象感差，缺乏多声部的立体感，尤其是不利于频繁转调旋律的音高把握。因此它逐渐跟不上人们对音乐日益发展的需求，已渐被五线谱所取代。

正确的记谱法对创作和表演都十分重要，每个学音乐的人都应该很好地掌握记谱法，特别是对学作曲的人来说，具有更为重要的意义。

各种记谱法虽然在其发展中不断地趋向完善，但到目前为止，世界上还没有一种记谱法能够完美无缺地记录音乐。如音高、力度、速度上的细微差异，许多装饰音的奏法等，都还需要演奏者凭其各自不同的理解来加以具体分析和处理。

小提琴
——最优雅的独奏乐器

小提琴是一种擦奏弦鸣乐器。它的发音近似人声，适于表现温柔、热烈、轻快、辉煌，甚至是最富于戏剧性的强烈感情。

现代小提琴→

🌕 小提琴的历史

小提琴的出现可追溯至1550年，至于何时成为有地位的乐器，则要追溯至1600年左右了，当时它第一次以标准的样式出现在意大利歌剧交响乐团里。到了1626年，法王路易十三在宫中组织交响乐团，小提琴的地位因而再次得到提升，自卢利（法国歌剧创始人）任职于皇家管弦乐团以后，它的声誉更为卓著。

↓塔尔蒂尼是18世纪意大利小提琴家，其代表作是小提琴奏鸣曲《魔鬼的颤音》。

在早期，由于小提琴的弦太粗，且架得太松，所以音调呆板而低微。18～19世纪之间，小提琴的制作技巧得到了意大利小提琴学派奠基人科雷利及18世纪欧洲最著名的小提琴演奏家塔尔蒂尼等人的启发而大有改进。

18世纪初期，已开始流行把小提琴架在颚下演奏，取代抵着胸部或锁骨的演奏法。18世纪中期，小提琴的琴弓还不是现在这种弧度，而是向外拱起，适于演奏巴洛克时期作曲家的作品，更适合演奏巴赫的复调小提琴作品。到海顿、莫扎特时，音乐作品的旋律线条具有更大的起伏，音量上要求具有更有力的重音，小提琴的演奏技巧也随之改变，从而产生了1785年法国人图尔特的现代小提琴弓的创制，在运弓上有了发展。18世纪末期，弓弦也有显著改善，弹性更佳，长度宽度皆有增加。

在地中海沿岸各国，小提琴是浪漫抒情的象征，乐手在小餐馆桌旁用它来取悦年轻的情侣；同时，它也是跳舞时的良伴，几乎所有传统舞蹈均以小提琴伴奏。在中世纪的欧洲，常见吟游诗人一边歌唱一边演奏弦乐器。

钢琴
——乐器之王

钢琴是一种键盘乐器，用键拉动琴槌以敲打琴弦。钢琴因其独特的音响，88个琴键的全音域，历来受到作曲家的钟爱。

钢琴是一种高档的键盘乐器，最早出现于希腊，是在一种供音乐家审度音律或研究乐理的音乐工具的基础上发展起来的。

最初的钢琴只是一块木板上绷着几根丝弦，下边装有可移动的弦码，用以限定音律，后来，有人对这种工具进行了改进，大约在12世纪时发展成古钢琴。

1709年前后，意大利人克里斯托弗又对古钢琴进行改进，发明了可以击弦的小槌键装置。

1770年，德国的制琴师斯坦因发明了一种"棘轮装置"，用在古钢琴上，使击弦槌在击弦后可立即移开，让弦自由振动，产生平滑的音色，音域宽广，不刺耳。

不久，英国的布罗德·伍德父子公司又在钢琴上增加了一种使音域更宽广的机械装置，并创造了一种持续音踏板，使毡制的制音装置离开所有的琴弦，让弦自由振动。

1811年，伦敦牛津大学的钢琴制造商把水平式的琴弦和敲弦装置改为竖式，制成了第一架立式钢琴。1830年以后，又不断有人对钢琴的构造、音调的强度、操纵的速度进行了改进，使钢琴不论是在品类上，还是在外形上都有了很大的发展。

钢琴名曲 《月光曲》

《月光曲》，又名《月光奏鸣曲》，创作于1801年，接近于贝多芬创作的成熟期。其实触动贝多芬创作的是他与朱丽叶塔·圭查蒂第一次恋爱失败后的痛苦心情。

足球
——世界"第一运动"

足球是球类运动的一种。球用皮制,内装橡皮胆,周长68~71厘米,比赛用球重396~453克,气压49.0~58.8千帕。球场长90~120米,宽45~90米,两端中央装有球门。

🍊 足球的起源

足球运动是一项古老的体育运动,源远流长。据说,希腊人和罗马人在中世纪以前就已经从事一种足球游戏了。他们在一个长方形场地上,将球放在中间的白线上,用脚把球踢滚到对方场地上,当时称这种游戏为"哈巴斯托姆"。

到19世纪初,足球运动在当时欧洲及美洲一些国家特别是在资本主义的英国已经相当盛行。

我国古代踢足球被称为"蹴鞠"或"蹋鞠","蹴鞠"一词最早记载在《史记·苏秦列传》里,1958年7月,国际足联时任主席阿维兰热博士来中国时曾表示:足球起源于中国。

🍊 足球运动的推广

英国虽然不是足球运动的发源地,但却是把这项运动发扬光大的国家。初期的足球游戏并没有所谓球例、场地和人数的限制,所以经常出现粗暴或打斗的行为,因而往往被视为一种粗野的运动。

19世纪末至20世纪初,足球运动迅速发展至其他国家。究其原因,是拜商旅及英国的殖民地政策所赐。由于足球运动在世界各地迅速发展,国际足球协会于1904年成立,推广国际间对足球运动的兴趣。1908年,足球正式被列入奥林匹克运动会的比赛项目之中。国际足协于1930年主办第一届世界杯赛事,世界杯现在每4年举办一次,先经过一轮外围淘汰赛事,直至产生出最后的32强之后,才分组在主办国展开激战。

篮球

——时下越发火热的运动项目

> 篮球是球类运动的一种。球用皮制，内装橡皮胆，周长75~80厘米，重600~650克。球场长28米，宽15米，两端中央设有球架，在遮板上装有铁圈，上沿离地3.05米，圈上挂线网作球篮。

🏀 最初的篮球比赛

篮球是1891年由美国马萨诸塞州斯普林菲尔德市基督教青年会训练学校（后为春田学院）的体育教师詹姆斯·奈史密斯博士发明的。起初，他将两只桃篮分别钉在健身房内看台的栏杆上，桃篮上沿距离地面3.04米，用足球作比赛工具，向篮内投掷。投球入篮得1分，按得分多少决定胜负。每次投球进篮后，要爬梯子将球取出再重新开始比赛。以后逐步将竹篮改为活底的铁篮，再改为铁圈下面挂网。

最初的篮球比赛，对上场人数、场地大小、比赛时间均无严格限制。只要求双方参加比赛的人数必须相等。比赛开始，双方队员分别站在两端线外，裁判员鸣哨并将球掷向球场中间，双方跑向场内抢球，开始比赛。首先达到预定分数者为胜。

↑ 篮球如今已是全球性的体育项目。

🏀 规则不断完善的篮球比赛

1892年，奈史密斯制定了13条比赛规则。主要规定是不准持球跑，不准有粗野动作，不准用拳击球，否则即判犯规，连续3次犯规判负1分；比赛时间规定为上、下半时，各15分钟。上场比赛人数逐步缩减为每队10人、9人、7人，1893年定为每队上场5人。

1904年，在第三届奥林匹克运动会上第一次进行了篮球表演赛。1908年美国制定了全国统一的篮球规则，并有文字出版，发行于全世界。这样，篮球运动逐渐传遍美洲、欧洲和亚洲，成为世界性的运动项目。

1936年，第十一届奥运会将男子篮球列为正式比赛项目，并统一了世界篮球竞赛规则。此后，到1948年的10多年间，规则曾多次修改，与现行规则有关的重要变化是，将得分后的中圈跳球，改为失分队在后场端线外掷界外球继续比赛；进攻队必须在10秒钟内把球推进到前场；球进前场后不得再回后场；进攻队员不得在"限制区"内停留3秒钟；投篮队员被侵犯时，投中罚球1次，投不中罚球2次等。

1952年和1956年第十五、十六两届奥运会的篮球比赛中，出现了多名身高2米以上的运动员。国际业余篮球联合会曾两次扩大篮球场地的"限制区"（也叫"3分区"）；还规定，一个队控制球后，必须在24秒内投篮出手。

20世纪60年代初有关10秒和球回后场的规定，一度因1960年第十七届奥运会后取消了中场线改画边线的中点而中止。

1964年第十八届奥运会后，又恢复了中场线，这些规定又继续执行。1977年增加了每队满10次犯规后，在防守犯规时罚球两次，防投篮时犯规两罚有1次不中再加罚1次的规定。1981年又将10次犯规后罚球的规定缩减到8次。很明显，球员变化的技术、战术的发展引起了规则的改变，而规则的改变又促进了人员和技术、战术的进一步发展变化。

特别是20世纪50年代后期以来，规则的改变对篮球比赛的攻守速度，对运动员的身体、技术、战术以及意志、作风等各方面都不断提出新的更高的要求，促进了篮球技术水平的迅速提高。

桥
——跨水行空的道路

桥是一种架空的人造通道，由上部结构和下部结构两部分组成。上部结构包括桥身和桥面，下部结构包括桥墩、桥台和基础。桥是道路的重要组成部分。

🟠 桥梁的演变史

在漫长的岁月中，人类积累了丰富的造桥实践经验，创造了多种多样的桥梁形式。现在使用的各种主要桥式几乎都能在古代找到起源。在最基本的三种桥式中，梁式桥起源于模仿倒伏于溪沟上的树木而建成的独木桥，由此演变为木梁桥、石梁桥，直到 19 世纪的桁架梁桥；悬索桥起源于模仿天然生长的跨越深沟而可用于攀援的藤条而建成的竹索桥，后演变为铁索桥、柔式悬索桥，直至有加劲梁的悬索桥；拱桥起源于模仿石灰岩溶洞所形成的"天生桥"而建成的石拱桥道，演变为木拱桥和铸铁拱桥、纵横交错于城市内的立交桥。

← 高耸的金门大桥格外壮观

🟠 桥梁的种类

桥梁伴随着人类生活在不断演变，不断进步。到了今天，我们所知的桥梁的种类有：木桥、石桥、砖桥、竹桥、盐桥、冰桥、藤桥、铁桥、苇桥、石柱桥、石墩桥、漫水桥、伸臂式桥、廊桥、风雨桥、竹板桥、石板桥、开合式桥、溜索桥、三边形拱桥、尖拱桥、圆拱桥、连拱桥、实腹拱桥、坦拱桥、陡拱桥、虹桥、渠道桥、曲桥、纤道桥、十字桥，以及栈道、飞阁、立交桥等。

神奇的发明

地图
——大千世界尽收眼底

> 地图是运用数学法则和符号系统并经过制图综合，将地表自然地理和社会经济等各类信息表现在一定载体上的图形。

地图的起源

地图的起源很早，最原始的地图已无从考察，但从巴比伦和埃及发现的一些刻在陶片上的，约4000年前的不完整遗物中可以看出，那是保存至今最古老的地图。尽管它们的内容和表示方法较为简单，但形式上已反映出原始地图的产生与人类的生产和生活有着密不可分的联系。

中国历史中记载的《山海图》已有2500年历史了，据说最初是铸造在钟鼎上，用来指引狩猎的人们不致迷路所用的。

世界古地图→

地图的发展

14世纪后，欧洲资本主义的兴起，以及我国的指南针、造纸、印刷术等技术的西传，推动了地理探险者的大发现。到了16世纪，地图已能较为正确地反映各大陆轮廓的实际情况。

随着社会经济发展的需要和自然科学各领域的深入发展，探索考察任务已不仅仅是地形测绘，还要对各种自然和社会现象进行考察制图。

人类的活动也不只局限于陆地，还在逐渐向海洋和空中发展。航空摄影、卫星遥感、电子计算机等新技术的相继开拓，使得地图的图形无论在理论上还是在工艺手段上都发生了巨大变化。

现代技术的不断涌现为地图的发展创造了条件，使绘制地图的节奏加快，品种增多，并制造了天体以外的地图。

电影
——让世界在胶片上流淌

用电影摄影机以每秒摄取若干格画幅的运转速度,将被摄取的运动过程拍摄在条状胶片上,成为许多格动作逐渐变化的画面,然后经过一定的工艺过程,制成可以放映的影片。

◯ 电影的发明

有两个英国人为马奔跑时是否会四蹄腾空而争执不休,最后用打赌来解决。他们请来驯马师做裁决,但驯马师也难以断定。而驯马师的好友——英国摄影师麦布里奇得知此事后,在跑道一边安置了 24 架照相机,排成一行,相机镜头对准跑道;在跑道另一边打了 24 个木桩,每根木桩系一根细绳,绳横穿跑道,分别系于对面相机的快门。让马从跑道上飞奔而过,便依次把 24 根引线绊断,这些相机依次拍下 24 张照片。麦布里奇把这些照片依次再剪接起来,因每相邻的两张照片差别很小,它们组成一条连贯照片带。经分析:马在奔跑时总有一蹄着地,不会四蹄腾空。

从 19 世纪初开始,"电影"的发明进入了探索和实验阶段。1825 年,英国人费东和派里斯博士发明了"幻盘";1832 年,比利时的约瑟夫和奥地利的斯丹普弗尔同时发明了"诡盘";1834 年,英国人霍尔纳发明了"走马盘"。接着,1839 年摄影技术发明,1840 年又发明了缩短曝光技术,摄影技术有了突破。到了 1877 年,法国人雷诺制造了"活动视镜",进而在 1888 年创造了他的"光学影戏机",类似现代的动画片技术。

1882 年,法国生理学家马莱发明了"摄影枪"后,解决了连续摄影的问题。几乎在同一时间,美国的爱迪生创造了每格凿有四组小孔的 35 毫米影片,并发明了"白热灯"。同时,他采用了马莱连续摄影的方法制成了"电影视镜"。这是一个可存放 50 英尺影片的大柜子,影片首尾连接成片环,用马达驱动后循环放映。里面装有放大镜,人凑在窥视孔上就能看到放大了的影片画面。中国人称为"西洋镜"。

↑ 爱迪生和他的"电影视镜","电影视镜"的特点是仅能供一个人观赏。

神奇的发明

爱迪生的"电影视镜"传入法国后,立刻被路易·卢米埃尔和奥古斯特·卢米埃尔兄弟俩采用,并进行改造,采用了马尔蒂的十字轮结构后,解决了影片间歇运动的问题,终于在1894年年底研制成了第一台比较完美的电影放映机,并成功地把图像投射到银幕上,解决了多人观看的问题。

路易·卢米埃尔兄弟在1895年12月28日,在巴黎卡普辛路14号大街咖啡馆的"印度沙龙"内,用"活动电影机"将自己拍摄的胶片放映至银幕上,观众在黑暗中看到白布上的逼真画面,这就是世界上第一部真正的电影。后来,国际电影界根据这一史实一致公认将1895年12月28日作为世界电影的发明日。也就是说:活动影像的摄取和放映在技术上最终成为可能,电影正式诞生了。

↑ 在1895年12月28日首次放映电影的卢米埃尔兄弟

↓ 利用视觉的似动现象,同步的摄影和放映,使我们从银幕中感受到真实的生活。

电影的放映原理及分类

电影最重要的原理是"视觉暂留"。科学实验证明,人眼在某个视像消失后,仍可使该物像在视网膜上滞留0.1~0.4秒左右。电影胶片以每秒24格画面匀速转动,一系列静态画面就会因视觉暂留作用而造成一种连续的视觉印象,产生逼真的动感。

从电影内容来区别它可分为系列片、喜剧片、西部片、音乐片、译制片、间谍片、灾难片、科幻片、战争片、侦探片、新闻纪录片、科学教育片。从声色的历史来说其可分为无声电影、有声电影、黑白电影、彩色电影。

第 2 章
生活与医学

火的使用是人类在发展史上迈出的最辉煌的一步,最终使人类从动物世界里划分出来,走上了人类历史的光明舞台。

科技每迈出一步就使人类的生活质量发生一定的改变。从人类第一次燃起火把到宇宙飞船把人类的足迹送上浩瀚太空,这不能不说是一个奇迹;从人类听天由命地生老病死到挑战上帝的克隆技术,这又是人类何等的骄傲。

可惜人类前进的脚步所踏起的尘埃,同样也是厚重的,它给我们的生产、生活蒙上了一层悲痛的阴影。

火种
——最初的温暖

火种是属于火范畴的事物,是供引火用的火。同时火种可引申为起模范作用的个人或集体。

火种的传说

在希腊神话传说中,普罗米修斯是泰坦巨人之一。他窃走了天火,偷偷把它带给人类。宙斯对他这种肆无忌惮的违抗行为大发雷霆,命令其他神把普罗米修斯用锁链缚在高加索山脉的一块岩石上。饥饿的老鹰天天来啄食普罗米修斯的肝脏,而他的肝脏又总是重新长出来。他的痛苦要持续3万年,可是他坚定地面对苦难,从来不在宙斯面前丧失勇气。

在由猿变成人的初期,原始人群过着群居群婚的生活,人们生吃食物,茹毛饮血,经常生病。后来,因雷电起火,森林中的禽兽被烧死后吃起来比生食更加美味,而且火不仅可以御寒照明,还可用于防止野兽的侵袭,于是人们就把火种保存起来。但每当遇到洪水、大风和阴雨的天气,保存的火种就会熄灭,人们又会处于寒冷状态,于是人类开始寻找新的火源。就这样,人们经过长期的经验积累,探索出了用人工取火的办法,这种办法就是"钻木取火",据说是由中国的燧人氏发明的。

火种的划时代意义

火的使用,对人类的发展意义重大。有了火,才有了刀耕火种和随后的农牧业;有了火,才有了制陶业和青铜冶炼,乃至今天的工业和人类现代文明。火是一种客观存在的实际力量,也是一种精神力量。可以说,发明人工取火具有划时代的历史意义,它是人类文明史上的一项巨大贡献,是人类从动物界分划出来后走向自身发展道路的关键。

火柴
——最实用的取火工具

> 火柴是目前各国应用最普遍、最便宜的取火工具,它为人类取火做出了不朽的贡献。

磷的出现与火柴的发展

1669年,德国炼金术士布朗特在汉堡冶炼各种金属,企图从中炼出黄金。一天,他在"点石成金"的试验里,把白砂和小便放在曲颈瓶中加热,当火烧得很旺时,突然从瓶里冒出一股白烟,凝结成一团白蜡样的东西。这团东西在黑暗中会闪闪发光,涂在墙壁上会留下光亮的痕迹,一遇到空气就会自燃起来。布朗特把这种"怪物"取名磷,意即发光体。随后他将磷的秘密高价卖给了一位富商。

1677年,该富商将磷带到英国,遇到著名科学家波义耳。波义耳经过研究,掌握了制磷的技术,并开始了制造火柴的试验。1680年,他终于制出原始火柴——取火棒,即在木质细棒的一端涂上硫磺,在粗纸上涂有磷,取火时将细棒在纸上摩擦,就会点燃细棒。但是当时制磷成本很高,未能推广使用。

1775年,瑞典化学家舍勒用硫酸与锻烧过的骨骼一起加热的方法成功地提取了磷。

10年后,欧洲市场上出现了"磷头小烛":一根涂有蜡质的灯芯,一端附上一小块白磷,密封在一支小玻璃管里。使用时只需打开玻璃管,白磷就使"小烛"燃烧起来。

又过了40年,巴黎建立了世界上第一家工业性的白磷制造厂。

1827年,英国化学家约翰·华克试制一种猎枪上用的发火药时,无意中制成了世界上最早的摩擦火柴。这种白磷火柴被称为"有毒火柴",使用不安全,不久就遭到各国禁用。后来法国人塞芬和卡亨二人又改进了配方,用三硫化四磷代替白磷作发火剂,这就是后来人们所说的"无毒火柴"。然而这种火柴在粗糙固体表面摩擦时能起火,甚至放进衣袋里

神奇的发明

稍作摩擦也会自燃，还是不够安全。

1845年，德国人施罗脱将白磷隔绝空气加热到250℃制成了红磷。从此，人们开始用红磷制火柴，因为最初是由瑞典制造的，故又称为瑞典火柴。其发火剂是把红磷和细砂做成胶糊涂在火柴盒边上，火柴的药糊调成胶糊状沾在浸过石蜡的木棒上。使用时火柴头和盒边的红磷相互摩擦，红磷局部变为白磷引起燃烧，这种火柴不仅无毒，而且必须在涂有红磷的特制火柴盒上摩擦才会着火，这就是沿用至今的"安全火柴"。

1879年，卫省轩在广州创办了我国第一家火柴厂，不过当时由于产品数量少，价钱高，很少有人买得起。1880年，瑞典人在上海开了一家瑞典瑞商洋行，生产和经营火柴。他们利用产品价格低廉的特点，在我国市场上获取了巨大利润，扼杀了我国正欲兴起的火柴工业。

↑ 火柴的出现令人们的生活变得更方便。

🎾 打火机的诞生和发展

打火机相对火柴来说是更加便捷的取火工具，当世界上第一支手枪问世不久，第一只早期的打火机也就出现了。因为这种打火机就是用手枪改成的，叫火绒手枪。这种打火机还长期被作为身份的象征和办公室的摆设。

18世纪，出现了用绳点火的打火机，之后的是磷和煤油或者蜡的打火机，以及砂轮和火绳及汽油打火机。后来科技的发展使人们发明了电打火。当火花问题和燃料问题解决后，打火机工业得以迅猛发展。19世纪末20世纪初，到处都是打火机厂。在打火机制造史上，最具有传奇色彩，并且生命力最长久的要算是美国的Zippo打火机了。

↑ 最具传奇色彩的美国Zippo公司，自20世纪30年代以来，已经推出了数百种富有收藏价值的样式，这是他们专为中国市场推出的中国风款式。

033

香烟
——带来"轻松"也带来危害

烟草含有尼古丁，它是一种生物碱，可以刺激人类神经兴奋，长期使用耐受量会增加，但也会使人产生依赖性。

🟠 烟草的传说

传说在很久以前，美洲印第安人的部落里，有一位公主死了。根据当地风俗，人死了都实行天葬。于是，在举行了隆重的遗体告别仪式后，公主的遗体被抬到野外的草地上，让鸟兽啄食，吃光，而后升入天堂。

奇怪的是，过了3天，公主不但没有被鸟兽吃掉，反而活着回来了。原来，公主受到草地上一种植物的辛辣气味刺激后苏醒了，这种植物就是烟草。从此，烟草就以"还魂草"的名字开始了它的传播。

🟠 香烟的危害

根据联合国报告，吸烟是世界上导致人类死亡的第二大因素。如果目前这种吸烟状况仍在持续的话，到2020年，人类因吸烟导致的死亡人数每年将增加到1000万人。

有关医学研究表明，吸烟是导致心脑血管疾病、癌症、慢性阻塞性肺病等多种疾患的重要因素。

🟠 二手烟的严重危害

香烟不仅直接危害人类的健康，并且抽烟之后所形成的二手烟也是给人类造成危害的一个无形杀手。

二手烟是最常见的危害儿童健康的污染物。据世界卫生组织评估，二手烟对儿童健康的危害主要有：引发儿童哮喘、幼儿猝死综合征、气管炎、肺炎和耳部炎症等。

神奇的发明

方便面
——最成功的快餐

方便面又称"快餐面",由于吃起来方便、快捷,已经成为当今世界上最流行的食品之一。

日本人发明了方便面

"二战"后日本粮食严重不足,人们饿得连薯秧都吃。安藤百福偶尔经过一家拉面摊,看到穿着简陋的人群顶着寒风排起了几十米的长队,他不由得对拉面产生了极大的兴趣。

1958年春天,安藤百福在大阪府池田市的住宅后院建起了

一个10平方米的研究室,找来了一台旧制面机,然后买了一个直径1米的中华炒锅、一袋18千克的面粉以及食油等材料,开始潜心研究方便面。安藤百福设想的方便面是一种只要加入热水立刻就能食用的快餐面,食用起来非常简便。

工夫不负有心人,1958年,他发明的首包鸡肉方便面问世。同年,安藤将中交总社易名为日清食品公司。1968年,日清王牌产品——"出前一丁"诞生。1971年,日清首次推出杯装速食面,随即风靡全球。

方便面的优点

方便面具有方便、省时、经济的特点,如今已成为广大消费者理想的快餐食品。它大大减低了生活压力,挤出工作时间。方便面是20世纪世界食品工业中的一颗璀璨明珠,被日本评为20世纪最伟大的发明之一,比随身听等电器音响设备的名次还高,名列第一,目前已成为国际性的方便食品。

洗涤剂
——远离污秽一尘不染

洗涤剂是具有去污能力的物质。在水溶液中降低水的表面张力,并发生湿润、乳化、分散发泡等作用,从而可用于洗净皮肤、纤维、金属等表面上所附的污垢。

洗涤剂的发明

第一次世界大战期间,德国制造肥皂的油料短缺,因此化学家们研制了一种合成替代品——洗涤剂,由酒精和樟脑制成,这是一种化合物。肥皂与水中的矿物质结合时产生泡沫,洗涤剂则不会。经过不断地改进,洗涤剂的清洁效果已超过了肥皂。

洗涤剂的功效

实践证明,在织物的水洗过程中只有阴离子表面活性剂和非离子型表面活性剂,对织物去污能够起到正面有效的作用。因此这两种表面活性剂就成了衣物洗涤剂的主要材料。洗涤剂对皮肤、纤维、金属等表面上所附的污垢有极强的去污能力,是当今最常用的生活用品。

洗涤剂的危害

合成洗涤剂的产量现在已经超过肥皂产量,我国合成洗涤剂的主要成分是十二烷基苯磺酸钠,占洗涤剂总产量的90%。合成洗涤剂易溶于水,随着洗衣机的广泛使用,用量越来越大。但是洗涤剂属于表面活性物质,是一种有机物,在光热条件下易氧化分解,大量消耗水中的溶解氧,致使水中的鱼和贝类等生物因缺氧而不能正常生长,甚至死亡。

此外,洗涤剂的表面活性作用还会使水中的有毒有机物的溶解度增加,废水毒性增强,威胁生物的生存,也会污染地下水质,最终危害人体健康。

塑料
——一把令人遗憾的科技双刃剑

塑料，照字面讲，是可以塑造的材料，也就是具有可塑性的材料，现今的塑料是用树脂在一定温度和压力下浇铸、挤压、吹塑或注射到模型中冷却成型的一类材料的专称。

塑料的发明

1869 年，最早的人工制造的塑料赛璐珞取得专利。赛璐珞虽是最早的人工制造塑料，但它是人造塑料，而不是合成塑料。第一种合成塑料是在 20 世纪初由美国化学家贝克兰将酚醛树脂加热模压而制得的。贝克兰将酚醛树脂添加木屑加热、加压模塑成各种制品，命名为"酚醛树脂"。第一次世界大战后，无线电、收音机等电气工业迅猛发展，更增加了对酚醛树脂的需求。

↑ 塑料曾给我们的生活带来了极大的便利。

塑料的优点

塑料是一种很轻的物质，用很低的温度加热就能使它变软，随心所欲地做成各种形状的东西。塑料制品色彩鲜艳，重量轻，不怕摔，经济耐用，它的问世给人们的生活带来了诸多方便。

塑料给人类带来的麻烦

塑料的发明可以说是一把锋利的双刃剑。塑料在给人们的生活带来方便的同时，也给环境带来了难以估量的灾难。人们把塑料给环境带来的灾难称为"白色污染"。

英国《卫报》在 2006 年 10 月 18 日评出"人类最糟糕的发明"，塑料袋不幸"荣获"这一称号。

↑ 被废弃的塑料制品进入环境后，由于很难降解，将给环境造成长期的、多层面的生态问题，甚至是生态灾难。

电视机
——小小窗口知天下

电视接收机简称电视机,它是把电视信号复原为图像信号及伴音信号的装置。它的作用在于放大信号,选择频道,抑制干扰,解调信号还原成图像及伴音信号,借同步和扫描作用使显像管正确显示出无畸变的图像。

电视机的发明故事

1925年的一天,伦敦一家最大的百货店顾客盈门。一批又一批的顾客涌向店内两间相连的小室。据说有人发明了一种机器,能把接收到的图像再现出来。

观众们乘兴而来,但扫兴而归。因为他们看到的仅仅是模糊不清的影子和闪烁不定的轮廓。人们议论纷纷,有一些热心者则向发明者追问:"你怎么不把图像弄清楚些呢?你能不能传一只动物什么的给我们看看?""对不起、对不起。目前的技术还没有办法。"发明家贝尔德在一边无奈而又尴尬地回答着人们的追问。

贝尔德是个不到20岁的英国青年。当时无线电技术已经广泛运用于通信、广播,世界上许多发明家,其中有最伟大的科学家和工程技术大师,他们都想发明能转播现场实况的电视机,但都没有成功。尽管如此,贝尔德还是立志要发明电视机。

贝尔德在他简陋的试验室里年复一年地工作着,他的试验装置被无数次反复拆装。经过18年的努力,1924年春天,贝尔德成功地发射了一朵十字花。但发射的距离只有3米,图像也忽有忽无,只是一个轮廓。

为了查明图像不清晰的原因,贝尔德又开始了新一轮试验。他想原因也许是电压不足?于是他把好几百个干电池连接起来。他接通了电路,可是不小心左手触到了一根裸露的连接线,高达2000伏的电压立即把他击倒在地,他当场昏迷。第二天的伦敦《每日快报》马上用大字标题报道了贝尔德触电的消息。贝尔德一时间成了英国的新闻人物。

事后贝尔德并没有因此而退缩,他依旧义无反顾的投入到异常艰辛的发明工作中。资金不足的问题一直困扰着贝尔德,后来一家百货店的老板同他签了合同,承诺每周付他25英镑,免费提供一切材料,但贝尔德必须在他商店门前操作表演。

神奇的发明

现场表演又是失败，贝尔德生活日渐艰难。他只好忍痛把设备的零件卖掉，以此维持生活。他家乡的两个堂兄弟得知贝尔德陷入绝境后，给他寄来了500英镑。贝尔德得救了，他立即又投入试验。

成功的日子终于来到了。终日陪伴他的木偶头像"比尔"的脸部特征被清晰地显现在接收机上了。这一天是1925年10月2日。

贝尔德的发明终于震惊英国，资助他的人纷纷涌来。贝尔德更新了设备，开始更大规模的试验。

↑ 人类早期的电视机

← 在休息时一起看看电视也是一种享受。

1928年，贝尔德把伦敦传播室的人像传送到纽约的一部接收机上。

不久，又出现了新的奇迹。贝尔德把伦敦一位姑娘的图像传送给她正在远洋航行的未婚夫。

1936年秋，英国广播公司正式从伦敦播送电视节目。此时的贝尔德又开始埋头研究彩色电视。

1941年12月，贝尔德传送的首批完美的彩色图像获得成功。可惜的是，贝尔德的实验室被希特勒的飞弹击毁了，但贝尔德马上重新开始研究。1946年6月的一天，英国广播公司开始播送彩色电视节目，但劳累过度的贝尔德却在这一天病倒了，没有看到他的研究结果。6天后，他离开了人世，终年58岁。

电冰箱

——现代生活的必备家电

电冰箱是冷藏食物与药品用的电器器具,大小以其箱体的有效内容积表示,目前大多在50~300升之间。按功能有冷藏箱、冷藏冻箱、冷冻箱三大类;按冷却方式有直冷式和间冷式。电冰箱由压缩机、冷凝器、干燥过滤器、毛细管、蒸发器等部件组成。

冰箱的发明

第一台人工制冷压缩机是由哈里森在1851年发明的。哈里森是澳大利亚《基朗广告报》的老板,在一次用乙醚清洗铅字时,他发现乙醚涂在金属上有强烈的冷却作用。哈里森经过研究研制出了使用乙醚和压力泵的冷冻机,并把它应用在澳大利亚维多利的一家酿酒厂,供酿酒时制冷降温用。这就是冰箱的发明来源。

↑ 电冰箱已成为常用家用电器之一。

冰箱发展史

4000年前,美索不达米亚地区的人们就知道将肉储藏在装满冰块的洞穴中。1850年左右,美国首先推出的家庭用冰柜,也是使用天然的冰块,但并未达到冷冻效果。第一台电冰箱是瑞典的普拉登与缈塔在1923年发明制造的。首先使用氟氯气体为冰冻剂的冰箱,是1930年在美国发明的。1930—1940年,附有冷冻机的电冰箱已经普及美国每个家庭。随着生活水平的逐渐提高,电冰箱已成为相当普遍的家用电器。

冰箱的工作原理

世界上的物质有三态:气态、固态和液态,在一定条件下三态可以相互转化。液体由液态变为气态时,会吸收很多热量,简称为"液体汽化吸热",电冰箱就是利用了液体汽化吸热来制冷的。

冰箱的作用

电冰箱已成为现在家庭的普通家用电器之一,它延迟了食物的腐坏期,为人类生活带来方便和健康保障。

神奇的发明

空调
—— 空气的调节器

空气调节器，能够调节房屋、机舱、船舱、车厢等内部的空气温度、湿度、洁净度、气流速度等，使室内空气达到一定的要求。

🟠 空调的发明

美国人威利斯·开利于1902年设计了第一个空调系统。1906年他以"空气处理装置"为名申请了专利。开利最初的解决方法是：将空气吹过冷盘管，这虽然没有大获成功，但却激励了这位25岁的年轻人。此后，他开始为印刷厂、面包房、纺织厂和其他对稳定的空气条件有较高要求的行业研制功率更大、更为可靠的冷却系统。

↑ 威利斯·开利从发明了世界上第一套科学空调系统开始，就一直引领着空调行业的发展。

🟠 空调工作原理

首先，低压的气态制冷剂被吸入压缩机，被压缩成高温高压的气体；而后，气态制冷剂流到室外的冷凝器，在向室外散热过程中，逐渐冷凝成高压液体；接着，通过节流装置降压（同时也降温）又变成低温低压的气液混合物。此时，气液混合的制冷剂就可以发挥空调制冷的"威力"了，进入室内的蒸发器，通过吸收室内空气中的热量而不断汽化，这样，房间内的温度降低了，它也变成了低压气体，重新进入了压缩机。如此循环，使气温变低或者调高。

随着经济和科技的发展，空调变得越来越普及，但长期在空调环境下，空调病也会随之而来，并会对大气造成一定程度的污染，可见，任何一种发明都不是十全十美的。

抽水马桶

——"卫生水准的标尺"

> 抽水马桶是指上接水箱，下通下水道的可自动补充水的瓷质马桶。

↑ 卫生间里的马桶，大大方便了我们的生活。

抽水马桶的历史

人类的处理粪便装置，甚至包括用水冲厕所都有悠久的历史。正如英国考古学家阿瑟·伊文思爵士描述的那样：一块刻有槽纹的厚板为座椅，以及一个有冲厕迹象的容器，这表明原始的抽水马桶在青铜时代克里特岛的科诺索斯宫殿就已被使用了。罗马在鼎盛时期的著名公共浴室就是用同样闻名于世的高架水渠来供水的。这些设施也被用于需要充足水源的公共盥洗室，那里10～20人可同时方便。粪便经下水道被冲走。

直到整个19世纪前，厕所仍像17世纪一样原始，或是在户外简单建于一个土坑上，或是置于卧室或室内其他一隅的便盆。美国最早的抽水马桶式厕所，可能也是那个时代唯一的马桶式厕所，是装在18世纪60年代中期马里兰州州长为自己修建的住宅里的。英国开始使用类似的抽水马桶得追溯到18世纪中期。

是谁发明了抽水马桶

抽水马桶是谁发明的，连许多专家也说不清。一种说法是1596年英国贵族约翰·哈灵顿发明了第一个实用的马桶——一个有水箱和冲水阀门的木制座位。尽管哈灵顿发明了马桶，但由于排污系统不完善而没能得到广泛应用。1861年，英国一个管道工托马斯·克莱帕发明了一套先进的节水冲洗系统，废物排放才开始进入现代化时期。

在当今世界上，抽水马桶已被公认为"卫生水准的标尺"。应该说，英国人发明抽水马桶是对人类社会的一大贡献，因此可以把它说成是世界上"最伟大的发明"。

眼镜
——眼睛的得力助手

眼镜是戴在眼睛上矫正视力或保护眼睛的透镜,由镜片与镜架构成。

↑ 儿童时期的视力不良通常是可以通过佩戴合适的眼镜来治愈的。

古老的眼镜

在古罗马作家普林尼的著作中,曾经描写过这样的故事:1世纪前后,古罗马暴君尼禄非常喜欢看体育表演,但每次观看时,由于视力不好而非常苦恼。有一个工匠得知此事后,用绿宝石做了一只像现在钟表匠修钟表时用的单眼眼镜献给尼禄,尼禄戴上后,感到很满意,再不用担心看不清精彩的体育表演。从某种角度上说,这可以说是最原始的眼镜。

已知最古老的透镜是在伊拉克的古城废墟中发现的。这块透镜由水晶石磨成。我们可依此推知古老的巴比伦人至少在2700年以前便发现了一些透镜的放大功能,但他们并不一定了解透镜。据记载,古罗马皇帝尼诺观察过各种宝石。但他只是透过宝石来观看五彩缤纷的奇异世界,并不为了提高视力。在13世纪末,眼镜几乎同时在中国和欧洲出现。马可·波罗在1260年写道:"中国老人为了清晰地阅读而戴着眼镜。"这证明,至少在这以前,中国人就了解眼镜并能使用。

近代眼镜的发展

据记载,真正的眼镜发明者是一个名叫萨尔沃·德格里阿买提的佛罗伦萨人,他制造的第一副眼镜是双凸镜片,用来矫正近视。15世纪中叶的记载中有了凹面近视镜。16世纪,德国开始制造有镜桥联结的眼镜。第一副带镜脚的眼镜是16世纪末由埃尔·格雷科制成的。1784年美国的本杰明·富兰克林发明了双焦距眼镜,使眼镜的声誉得以提高。19世纪,远距离视力测验表由屈勒和斯内伦编制出来。1872年,开始用屈光透镜来表明镜片的度数。至于隐形眼镜,是1887年由德国人制造的。

拉链

——精致巧妙的设计发明

拉链亦称"拉锁"。服装、手提包等物品上的一种简易闭锁装置。由齿带和拉头组成。齿带以纱带或化学纤维带为材料,上嵌由铜铝合金或尼龙等制成的凹凸状齿粒,拉头由金属或尼龙制成。使用齿带伴随拉头的移动而闭锁或开启。

拉链的发明

拉链是1891年由美国芝加哥机械师贾德森最先发明的。贾德森为了解除每天系鞋带的麻烦,就发明了一种可以代替鞋带的拉链,这种拉链是由一排钩子和一排扣眼构成,用一个铁制的滑片由下往上拉,便可使钩子与扣眼一个个依次扣紧。贾德森把样品送到1893年的哥伦比亚博览会上展出,得到好评,并因此取得了专利。

拉链改进及其应用

1913年,瑞典人桑巴克改进了这种粗糙的锁紧装置,使其变成了一种可靠的商品。他采用的办法是把金属锁齿附在一个灵活的轴上。这种拉链的工作原理是:每一个齿都是一个小型的钩,能与相对的另一条带子上的一个小齿下面的孔眼匹配。这种拉链很牢固,只有滑动器滑动使齿张开时才能拉开。

拉链最先用于军装。第一次世界大战中,美国军队首次订购了大批的拉链给士兵做服装。但拉链在民间的推广则比较晚,直到1930年才被妇女们接受,并用来代替服装的钮扣。拉链是在1926年获得现在的名称的。据说,一位叫弗朗科的小说家,在推广一种拉链样品的一次工商界的午餐会上说:"一拉,它就开了!再一拉,它就关了!"十分简明地说明了拉链的特点,拉链这个词也就这样产生了。

↑ 1913年,瑞典人桑巴克改进了这种拉练粗糙的锁紧装置,使其变成了一种可靠的商品。

↑ 身穿带拉锁衣服的女孩

神奇的发明

手表
——时光在腕上流逝

手表是戴在手腕上的小型计时仪器。从19世纪中叶有人将挂表装上皮带、戴在手腕上开始使用,经逐步改进,缩小体积,美化式样,发展成为手表。

人类时间概念的起始

人类的远祖最早从天明天暗知道时间的流逝。大约6000年前,"时钟"第一次登上人类历史的舞台:日晷在巴比伦王国诞生了。古人使用日晷,根据太阳影子的长短和方位变化掌握时间。大约4000年前,漏刻问世,使人们不分昼夜均可知道时间。而钟表的出现,则是13世纪中叶以后的事。

←功能越来越多的新式手表

钟表发展史

1270年前后,在意大利北部和南德一带出现的早期机械式时钟,以秤锤作动力,每1小时鸣响附带的钟,自动报时。1336年,第一座公共时钟被安装于米兰一教堂内,在接下来的半个世纪里,时钟传至欧洲各国,法国、德国、意大利的教堂也纷纷建起钟塔。

不久,发条技术发明了,时钟的体积大为缩小。1510年,德国的锁匠首次制出了怀表。当年,钟表的制作似乎仅仅只是锁匠的副业,直到后来,对钟表精度的要求越来越高,钟表技艺也日益复杂,才出现了专业的钟表匠。

1806年,拿破仑时期,为约瑟芬王后特制的一块手表,是目前已知的关于手表的最早记录。这是一块注重装饰、被制成手镯状的手表。当时,男人世界里风行的是作为身份、地位象征的怀表,手表则被视作是女性的饰物。

↑怀表——绅士的象征

045

1885年，德国海军向瑞士的钟表商定制大量手表，手表的实用性获得世人的肯定，逐渐普及开来。

20世纪初，ROLEX（劳力士）的前身——WILS-DORF&DAVIS公司推出了银制绅士表和淑女表，大获成功，带动了各家钟表厂商竞相研制开发手表。

当年就以怀表工艺闻名世界的瑞士，在手表制作方面也一马当先，ROLEX在1926年就开发出完全防水型的手表"ROLEX OYSTER"，1931年又率先将自动上发条的手表"OYSTER PERPETUAL"推向市场。

LONGINES（浪琴）公司也不甘示弱，其研制的精密航空钟与美国飞行家林德伯格一起飞渡大西洋，名声大振。1929年，其又推出带秒表功能的手表"CHRONOGRAPH"，翌年又在此基础上开发出飞行用的精密手表"CHRONOMETER"。

← 手表对于女人来说不仅可以看时间，还是一种装饰品。

20世纪60年代末，机械手表史掀开了新的一页：1969年，日本精工手表公司开发出世界上第一块石英电子手表，日误差缩小到0.2秒以内。

1972年，美国的汉密尔顿公司发明了数字显示手表，马达和齿轮从手表中消失了。

手表制造业新技术层出不穷，机械手表却并未寿终正寝，产量虽然大减，制造技艺却得以保存。特别是瑞士的钟表厂家，在石英手表独占鳌头的今日，仍对机械手表情有独钟，坚持生产高档机械手表，并源源不断地输往世界各地。

神奇的发明

再生纸
——用行动保护生态环境

通常，我们将纸分成原生纸和再生纸两大类。原生纸的原料是原生木浆，取自于天然木材；而再生纸的原料来自于废弃的纸张。如果我们都充分利用再生纸，就可以大大减少树木的砍伐，减少环境污染，对于环境保护也是很有利的。

再生纸生产

废纸回收后经过分类拣选，温水浸涨，被重新打成纸浆。纸浆中的杂质分为两类，一类是易在纸张表面形成空洞和粗糙颗粒的沙粒、小石子等比重大的杂质；另一类是遇到高温易融化、粘在卷纸轮上，使作业中断的塑料膜、胶质、尘埃颗粒等比重轻的杂质。这些杂质通过多级多段往复除渣进行筛选净化后，废纸浆终于重现洁白，并被进一步制成新的纸张，这就是再生纸，再生纸上一般印有由三个弯曲的小箭头围成的"循环再生标记"。

利用再生纸的意义

每回收利用1吨废纸，约可节省木材3立方米、水100吨、化工原料300千克、煤12吨、电600度。每生产1吨再生纸，就相当于保护了26棵大树。据估算，回收1吨办公类废纸，可生产0.8吨再生纸，相应节约木材4立方米。

再生纸的缺点

再生纸对环境保护有益，但由于再生纸的生产对设备和工艺有诸如脱墨等特别要求，因此成本相对较高，加之再生纸的亮度偏低、颜色偏暗，因此还并未广泛普及，但随着科技的不断进步，再生纸的这些弊端正在逐步得到改善，也正在被广大的企业和使用者所接受。

节约用纸、尽量使用再生纸，是我们必修的环保课。

青霉素
——葡萄球菌的克星

青霉素是弗莱明在1928年发现的一种抗生素。从青霉菌培养液中提制而成，是第一种能够治疗人类疾病的抗生素。又名盘尼西林、苄青霉素。

青霉素的发现者

青霉素的发现者是英国细菌学家弗莱明。1928年的一天，弗莱明在他的一间简陋的实验室里研究导致人体发热的葡萄球菌。由于盖子没有盖好，他发觉培养细菌用的琼脂上附了一层青霉菌。这是从楼上的一位研究青霉菌的学者的窗口飘落进来的。使弗莱明感到惊讶的是，在青霉菌的近旁，葡萄球菌忽然不见了。这个偶然的发现立刻吸引了他，他设法培养这种霉菌，经过多次试验，最终证实青霉素可以在几小时内将葡萄球菌全部杀死。弗莱明据此发现了葡萄球菌的克星——青霉素。

↑ 细菌学家弗莱明发现了青霉素。

青霉素的应用及发展

弗莱明将青霉菌菌株一代代地培养，在1939年将菌种提供给准备系统研究青霉素的英国病理学家弗洛里和生物化学家钱恩。通过一段时间的紧张实验，弗洛里、钱恩终于用冷冻干燥法提取了青霉素晶体。之后，弗洛里在一种甜瓜上发现了可供大量提取青霉素的霉菌，并用玉米粉调制出了相应的培养液。1941年开始的临床实验证实了青霉素对链球菌、白喉杆菌等多种细菌感染的疗效。美国制药企业于1942年开始对青霉素进行大批量生产，这些青霉素在世界反法西斯战争中挽救了大量美英盟军的伤病员。1945年，弗莱明、弗洛里和钱恩因"发现青霉素及其临床效用"而共同荣获了诺贝尔生理学及医学奖。

青霉素的出现开创了用抗生素治疗疾病的新纪元。它的发现是人类抗生素发展历史上的一个里程碑。直到今天，它仍然是流行最广应用最多的抗生素。

神奇的发明

抗生素
——细菌的天敌

抗生素又称抗菌素，是由一些微生物合成的、能抑制或杀灭某些病原体的化学物质。抗生素是微生物的一种次生代谢产物，少量低浓度使用时能对另一种微生物的生长和代谢起抑制或杀灭作用。

抗生素的种类繁多

弗莱明1928年发明的青霉素是第一种能够治疗人类疾病的抗生素。自1940年以来，青霉素应用于临床。现在抗生素的种类已达几千种，在临床上常用的也有几百种。其主要是从微生物的培养液中提取的或者用合成、半合成方法制造。其分类有以下几种：β-内酰胺类（包括青霉素类和头孢菌素类）、氨基糖苷类、四环素类、氯霉素类、大环内脂类。大环内脂类中作用于G+细菌的其他抗生素、作用于G菌的其他抗生素、抗真菌抗生素、抗肿瘤抗生素、具有免疫抑制作用的抗生素如环孢霉素。

抗生素的应用

由于抗生素可使95%以上由细菌感染而引起的疾病得到控制，因此被广泛应用于家禽、家畜、作物等病害的防治，现已成为治疗传染性疾病的主要药物。抗生素还应用于食品保存，如四环素应用于肉类等的保存，制霉菌素应用于柑橘等的保存。利用四环素能与肿瘤组织结合的特性，可将这种抗生素作为载体以提高抗肿瘤药物的药效。

毒品
——一条不归路

根据《刑法》第357条的规定:毒品是指鸦片、海洛因、甲基苯丙胺(冰毒)、吗啡、大麻、可卡因以及国家规定管制的其他能够使人形成瘾癖的麻醉药品和精神药品。

毒品的古老历史

人们知道,早在新石器时代,就在小亚细亚及地中海东部山区发现了野生罂粟,青铜器时代后期(约公元前1500年)传入埃及,公元初传入印度,6~7世纪传入中国。从很早时候开始,人们就把罂粟视为一种治疗疾病的药品,因而便有意识地进行少量的种植与生产。

随着人类社会的发展和进步,出现了鸦片。英国自1852年第二次侵缅战争后,就诱迫缅甸人民大规模种植罂粟,很快也波及到了老挝一侧,在现今南塔、波乔(原名会晒)这两个省的苗、瑶、拉祜及哈尼等山地民族也引进种植了罂粟,将它的提取物(即鸦片)作为包医百病的灵丹妙药。1893年法国入侵并占领老挝后,大规模的种植与贸易开始兴起。此后鸦片被公认为"世界性瘟疫"。

最恐怖的毒魔

毒品的发明最初是为了解除人的病痛,但由于它能在短期内给人带来极度快感,越来越多的人开始使用成瘾。如今,在世界的任何一个角落都能找到它们的影子。吸毒的严重后果不仅仅在于损耗机体健康,还由此滋生了大量的犯罪。

毒品的危害,可以概括为"毁灭自己、祸及家庭、危害社会"12个字。

更令人恐惧的是,由于吸毒还会导致多种疾病的传播。吸毒可引起乙肝、丙肝,尤其是艾滋病的蔓延,由于共享不洁净的注射器而引起的艾滋病感染是当前我国感染艾滋病的首要途径。有的年轻妇女由于吸毒,致使其刚刚出生的婴儿已是毒品成瘾者了。毒品断子绝孙何其毒也!人类如果长此下去将危及到种族的延续。

克隆科技
——生物学的奇迹

克隆简单讲就是一种人工诱导的无性繁殖方式。科学家把人工操作动物遗传繁殖的过程叫克隆,把这门生物技术叫克隆技术。

🍊 克隆技术原理

克隆的基本过程是先将含有遗传物质的供体细胞的细胞核移植到去除了细胞核的卵细胞中,利用微电流刺激等手段使两者融合为一体,然后促使这一新细胞分裂繁殖发育成胚胎,当胚胎发育到一定程度后,再被植入动物子宫中,使动物怀孕,便可产下与提供细胞者基因相同的动物。这一过程中如果对供体细胞进行基因改造,那么无性繁殖的动物后代基因就会发生相同的变化。

🍊 具有划时代意义的克隆技术

克隆技术在现代生物学中被称为"生物放大技术",它已经历了三个发展时期:第一个时期是微生物克隆,即用一个细菌很快复制出成千上万个和它一模一样的细菌,而变成一个细菌群;第二个时期是生物技术克隆,比如用遗传基因DNA克隆;第三个时期是动物克隆,即由一个细胞克隆成一个动物。

1997年2月22日,英国罗斯林研究所的科学家维尔穆特等人宣布用体细胞克隆绵羊获得成功,在世界上引起巨大震动。一时间,克隆绵羊"多利"成为动物界最耀眼的"明星",其"咩咩"的叫声迅速响遍全球。克隆绵羊的诞生,意味着人类可以利用哺乳动物的一个细胞大量生产出完全相同的生命体,完全打破了亘古不变的自然规律。这是生物工程技术发展史上的一个里程碑,也是人类历史上的一项重大科学突破。

克隆羊的成功,在世界上引起了巨大的震动。

克隆技术令世人担忧

随着动物克隆技术的重大突破，也带来了广泛的争议。克隆技术对人类来说，是一把"双刃剑"。一方面，它能给人类带来许多益处，诸如保存优良品种、挽救濒危动物，利用克隆动物相同的基因背景进行生物医学研究等；另一方面，它又将对生物多样性提出挑战。生物多样性是自然进化的结果，也是进化的动力，有性繁殖是形成生物多样性的重要基础，而"克隆动物"则会导致生物品种减少，个体生存能力下降。

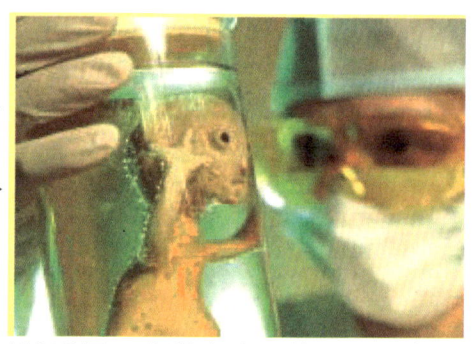

← 小小的蝌蚪改写了生物技术发展史，成为世界上第一种被克隆的动物。1925年，美国科学家罗伯特·布里格斯和托玛斯·金用一只蝌蚪的细胞创造了与原版完全一样的复制品。

人类胚胎的克隆令世人震惊，更是引发了众多 →
关于伦理道德以及生物犯罪的争议。

更让人担忧的是，克隆技术一旦被滥用于人类自身，将不可避免地失去控制，带来空前的生态混乱，并引发一系列严重的伦理道德冲突。对此，世界各国政府和科学界已是高度关注，并采取立法等措施明令禁止用克隆技术制造"克隆人"，以保证克隆只用于造福人类，而绝非复制人类。如果世界上一切生物都可以复制的话，后果将不堪设想。

所以自2001年以来，联合国大会法律委员会一直在讨论禁止生殖性克隆人的国际立法问题。由于各国在是否将治疗性克隆也列入禁止之列的问题上争执不休，该委员会于2004年年底决定放弃制定禁止克隆人国际公约，转而寻求通过一项不具法律约束力的政治宣言。2005年2月18日，第五十九届联合国大会法律委员会以71票赞成、35票反对、43票弃权的表决结果，以决议形式通过了一项政治宣言，要求各国禁止有违人类尊严的任何形式的克隆人。当时，中国同比利时、英国、瑞典、日本和新加坡等国投了反对票。

疫苗
——坚守人类的健康

疫苗（vaccine）是指用细菌、病毒、肿瘤细胞等制成的生物制品。习惯上将减毒的或灭活的病原微生物制品均称为疫苗。严格讲，由细菌制成的生物制品称为菌苗，而由病毒、立克次体、螺旋体等制成的生物制品称为疫苗。

疫苗的生物学原理

疫苗是将病原微生物（如细菌、立克次体、病毒等）及其代谢产物，经过人工减毒、灭活或利用基因工程等方法制成的用于预防传染病的自动免疫制剂。它保留了病原菌刺激动物体免疫系统的特性。当动物体接触到这种不具伤害力的病原菌后，免疫系统便会产生一定的保护物质，如免疫激素、活性生理物质、特殊抗体等；当动物再次接触到这种病原菌时，动物体的免疫系统便会依循其原有的记忆，制造更多的保护物质来阻止病原菌的伤害。

疫苗的意义

疫苗的发现可谓是人类发展史上具有里程碑意义的事件。

从某种意义上来说，人类繁衍生息的历史就是人类不断同疾病和自然灾害作斗争的历史，控制传染性疾病最主要的手段就是预防，而接种疫苗被认为是最行之有效的措施。而事实证明也是如此，威胁人类几百年的天花病毒在牛痘疫苗出现后便被彻底消灭了，人类迎来了用疫苗挑战病毒的第一个胜利，使人类认识到疫苗对控制和消灭传染性疾病的重大作用。

疫苗自身存在的问题

疫苗本身也是一种病毒，因此也会存在一定的不完美性。注射这样的不完美疫苗也会对人体造成一定的伤害。《自然》杂志报道说，在某些情况下，有一种不完美的疫苗可能会比没有这种疫苗更糟糕。另外，因为注射疫苗而产生的种种过敏或者变异所致的疾病，也成为一个让人担忧的问题。

胰岛素
——细胞代谢的重要调节物

> 胰岛素是一种由胰脏分泌的荷尔蒙,能帮助食物中的糖分顺利进入身体细胞提供能量,使血糖下降。

← 班廷在狗身上做胰岛素实验。

人工合成胰岛素的历史

胰岛素于1921年由加拿大人班廷和白斯特首先发现,1922年开始用于临床。1955年英国F.桑格小组测定了牛胰岛素的全部氨基酸序列,开辟了人类认识蛋白质分子化学结构的道路。

1965年,中国科学家人工合成了具有全部生物活力的结晶牛胰岛素,它是第一个在实验室中用人工方法合成的蛋白质。20世纪70年代初期,英国和中国的科学家又成功地用X射线衍射方法测定了猪胰岛素的立体结构。20世纪80年代初已成功地运用遗传工程技术由微生物大量生产人的胰岛素,并已用于临床。

→ 医治糖尿病病人的法宝——胰岛素

胰岛素的重大意义

胰岛素的作用是促进糖、脂肪、蛋白质三大营养物质的合成代谢。最主要的功能是降低血糖,是体内唯一能降低血糖的激素,促进葡萄糖进入细胞,为细胞供应能量或在肌肉、肝脏细胞内形成糖原储存能量。人体缺少胰岛素或胰岛素作用不能正常发挥,就会产生糖尿病,并引起糖、脂肪、蛋白质代谢紊乱,导致各种并发症发生。发明胰岛素向揭开生命奥秘迈进了一大步。

注射胰岛素的副作用

胰岛素的注射会产生低血糖、高胰岛素血症、体重上升、水肿胰岛素抗体产生、胰岛素过敏、局限性脂肪萎缩、浅部溃疡或压陷、局部出血或瘀伤、注射处感染等副作用。

CT 扫描仪
——透视人体的每一寸构造

CT 是一种功能齐全的病情探测仪器，它是电子计算机 X 线断层扫描技术的简称。它的全称叫电子计算机 X 射线断层摄影，CT 是英文词组 Computerized Tomography 的字母缩写。

● CT 扫描仪的发明

1972 年 CT 扫描仪的发明，可以说是人类仪器诊断技术发展史中最重大的技术进步。1955 年，南非物理学家科马克提出了一个初步的工作原理和主要的设计框架，这也就是现在通常所说的 CT 扫描仪的最初设计蓝图。英国电器公司的电子工程师豪斯菲尔德即开始以科马克的设计为基础进行实验研制。此后经过 10 余年的努力，他终于研制出了第一台 CT 扫描仪。

↑ 南非物理学家科马克（左）与英国科学家豪斯菲尔德因研制成 CT 扫描仪而荣获 1979 年的诺贝尔生理学和医学奖。

● CT 扫描仪的更新换代

CT 扫描仪发明至今的几十年时间里，已经更新换代了好几次。1972 年，豪斯菲尔德和科马克向世界展示的 CT 扫描仪，是第一代产品，完成一次扫描需用 4~5 分钟；而用两个 X 射线管组成的第二代 CT 机产品，每次扫描仅需用 30~120 秒钟；第三代 CT 机产品用多个 X 射线管组成，能够用 25 秒完成一次扫描；到了第四代 CT 机，扫描时间减少到只需 1 秒钟；最近，科学家正在研制超高速的第五代 CT 机，按设计仅需用 1% 秒的时间就能完成扫描，更重要的是还可以捕捉到人体生理活动的动态变化。

● CT 扫描仪在医学上的意义

CT 扫描仪和核磁共振扫描仪的使用确实使人类对疾病诊断的准确程度大大提高了，因而被誉为 20 世纪医学诊断领域所取得的最重大的突破之一。

人造器官
——人体器官也可以是"零件"

人造器官的生物材料在医学上是指能植入人体或能与生物组织或生物流体相接触的材料；或者说是具有天然器官组织的功能或天然器官部件功能的材料。

历史悠久的人造器官

在古代，人类就能利用天然材料（主要是药物）来治病，制作一些简易的人体器官，包括用天然材料来修复人体的创伤。例如，公元前3500年，古埃及人用棉花纤维、马鬃等缝合伤口；墨西哥印第安人用木片修补受伤的颅骨。公元前2500年的中国墓葬中发现有假牙、假鼻、假耳。1588年，人们用黄金板修复颚骨；1755年，有人用金属在体内固定骨折；1809年，有人用黄金修复缺损的牙齿；1851年，人们发明了天然橡胶的硫化方法后，开始采用硬胶木制作人工牙托和颚骨。

人造器官的分类

人造器官主要有三种：机械性人造器官、半机械性半生物性人造器官、生物性人造器官。机械性人造器官是完全用没有生物活性的高分子材料仿造一个器官，并借助电池作为器官的动力。目前，日本科学家已利用纳米技术研制出人造皮肤和血管。半机械性半生物性人造器官将电子技术与生物技术结合起来。在德国，已经有8位肝功能衰竭的患者接受了人造肝脏的移植，这种人造肝脏将人体活组织、人造组织、芯片和微型马达奇妙地组合在一起。生物性人造器官则是利用动物身上的细胞或组织，"制造"出一些具有生物活性的器官或组织。生物性人造器官又分为异体人造器官和自体人造器官。

↑ 现在，几乎人体内的所有器官都可以人工制造了。这不仅能挽救人的生命，还能提高人的生活质量。

基因工程
——解读人类最隐秘的密码

基因工程是指人工进行基因切割、重组、转移和翻译表达的技术，是生物工程的一个重要分支，它和细胞工程、酶工程、蛋白质工程和微生物工程共同组成了生物工程。

🟠 基因工程的诞生

基因工程诞生于20世纪70年代。自1977年科研人员成功地用大肠杆菌生产生长激素释放抑制因子以来，人胰岛素、人生长激素、胸腺素、干扰素、尿激酶、肝炎病毒疫菌、口蹄疫疫菌、腹泻疫菌和肿瘤坏死因子等数十种基因工程产品相继问世；1982年，基因工程产品开始进入商品市场，在医疗保健和家畜疾病防治中得到了广泛应用，并已取得或正在取得巨大的效果和收益。

🟠 基因工程意义重大

基因工程可以绕过远缘有性杂交的困难，使基因在微生物、植物、动物之间交流，迅速并定向地获得人类需要的新生物类型。概括地讲，其意义体现在以下三个方面：大规模生产生物分子；设计构建新物种；搜集、分离、鉴定生物信息资源。改良植物的品种，通过器官或骨髓移植去医治心脏病、肾病或血癌病人。通过收集初生婴儿脐带之血去医治帕金森症、血癌病人。通过抽取DNA样本，确定在母腹中的婴儿是否有某些遗传性疾病，如地中海贫血症、色盲、唐氏综合征等。基因工程给传统生物技术带来了彻底的革新。

第 **3** 章
通信与军事

在古老的传说中就有了千里眼和顺风耳，或许这就是人们对通信的渴望。在今天，地球已不再让人感觉是茫茫无边，地球上人类间的距离已大大缩小。我们可以与大洋彼岸的亲朋好友畅所欲言，我们同时也可以在瞬间知晓世界各地的新闻事件。

战争给人们带来痛苦是无可非议的事实，爱好和平是每个人的心愿。军事建设是一项安邦定国的大计，军事力量的发展代表着一个国家的综合国力。我国作为拥有五千年历史的泱泱大国，是世界和平的保卫者，我们的军事实力在世界上有着举足轻重的地位。

电报
——莫尔斯的神奇之举

电报是通信业务的一种，是最早使用电进行通信的方法。它是利用电流（有线）或电磁波（无线）作载体，通过编码和相应的电处理技术实现人类远距离传输与交换信息的通信方式。

🔸 莫尔斯发明电报机

在电报研制的过程中，莫尔斯拜著名的电磁学家亨利为师，从头开始学习电磁学知识。他买来了各种各样的实验仪器和电工工具，把自己原来的画室改为实验室，在未知的科学领域里夜以继日地钻研探索。从设计方案到绘制草图再到进行试验，莫尔斯经历了无数次的失败。

莫尔斯认真地分析了失败的原因，他检查了设计思路，发现必须寻找新的方法来发送信号。1836年，莫尔斯终于找到了新方法。莫尔斯的奇特构想，即"莫尔斯电码"，是电信史上最早的编码，是电报发明史上的重大突破。

莫尔斯在取得突破以后，继续投入到紧张的后续工作中去，把设想变为实用的装置，并且不断地加以改进。1844年5月24日，是世界电信史上光辉的一天。莫尔斯在美国国会大厅里，亲自按动电报机按键。随着一连串嘀嘀嗒嗒声响起，电文通过电线很快传到了数十千米外的巴尔的摩。他的助手准确无误地把电文译了出来。莫尔斯电报的成功轰动了美国、英国和世界其他各国，他的电报很快风靡全球。到19世纪后半叶，莫尔斯电报已经获得了广泛的应用。

↑ 莫尔斯和他发明的电报机。
莫尔斯不仅是一位伟大的发明家，他还是一位颇有造诣的艺术家，曾在英国皇家学院研习绘画。
1840年，莫尔斯取得电报专利权，然后他想方设法说服国会批准于1843年度拨款3万美元架设一条从巴尔的摩到华盛顿的超过40英里（64千米）的电报线。1844年，该电报线开始修建，同年投入了运营，第一份电报的内容是《圣经》上的诗句："上帝创造了何等的奇迹。"电文是用莫尔斯发明的迄今仍被称为"莫尔斯电码"的点、划电报符号发出的。

电话
——见证电流传递声音的奇迹

> 电话是利用电信号的传输来互通语言的通信方式。发话方由送话器把声音转换成声频电信号，电信号送达对方后，经受话器转换成声音完成通话。

↑ 电话的发明者贝尔，贝尔本人是一个声学生理学家和聋哑人语的教师。贝尔的父亲、祖父、兄弟的工作都与演说术和发声法有关，他的母亲和妻子都患有重听，这一切都深刻影响着贝尔一生的工作。著名的盲聋作家、社会活动家——海伦·凯勒也曾接受过他的帮助。

↑ 1892 年，贝尔在纽约与芝加哥通电话时的情景。

◯ 电话的发明与发展

历史上通常认为：第一部电话机于 1876 年在美国投入使用，电话机的发明权应属于美国的亚历山大·贝尔。然而，这项伟大的发明却是在一次偶然"事故"的启发下诞生的。

1871 年，贝尔从苏格兰回到美国，任波士顿大学音响生理学教授。他在致力于研究声学和教授哑语之余，还潜心研制一种多路传输的电报系统。1875 年的一天，贝尔和他的助手华生分别在两个房间配合做一项实验，由于机件发生故障，华生看管的发报机上的一块铁片在电磁铁前不停地振动。这一振动产生的波动电流沿着导线传播，使邻室的一块铁片产生了同样的振动，振动发出的微弱声音被贝尔听到了，引起了他注意。1875 年 6 月，贝尔和华生利用电磁感应原理，试制出世界上第一部传递声音的机器——磁电电话机，并于 1876 年 2 月 14 日向美国专利局递交了专利申请书。3 月 7 日，贝尔成为电话发明的专利人。

然而，这台机器真正开始工作的那一天是 1876 年 3 月 10 日。当时，贝尔正在做实验，不小心把硫酸溅到脚上，他痛得不禁对着话筒向正在另一房间里的华生大叫："华生，快来帮帮我！"不料，这一求助声竟成为世界上第一句由电话机传送的话音，华生从听筒里清晰地听到了贝尔的声音。

神奇的发明

此后，发明大王爱迪生也投身于电话机的改良工作。1878年，他研制出碳精送话器，并获得了专利。他的这项发明使电话的性能大大提高。直至今日，我们的大部分电话机使用的仍是碳精送话器。最初的电话机身要自备电池和手摇发电机才能发出呼叫信号，它只能用作固定通话。1880—1890年间出现了一种"共电式电话机"，可以共同使用电话局的电源。这项改进使电话结构大大简化了，而且使用方便，拿起电话便可呼叫。自动电话机是在共式电话机的基础上增加了一只小小的拨号盘，从此，人们就可以通过交换台任选通话对象了。

随着电子技术的飞速发展，现代的电话机不仅数量激增，品种和功能更是今非昔比。这是最初的电话发明者所始料不及的。

↑ 贝尔发明的电话

↓ 现在随身携带的移动电话使用更加方便。

🔸 手机的发展

手机是一种便携式无线电话，是手提式电话机的简称或称移动电话。与现在形状接近的手机诞生于1987年。与"肩背电话"相比，它显得轻巧得多，而且容易携带。尽管如此，其重量仍有大约750克，与今天仅重60克的手机相比，像一块大砖头。从那以后，手机的发展越来越迅速。1996年秋，出现了体积为100立方厘米、重量100克的手机。此后又进一步小型化、轻型化。

除了质量和体积越来越小外，现代手机已经越来越像一把多功能的瑞士军刀了。除了最基本的通话功能外，新型的手机还可以用来收发邮件和短信息，可以上网、玩游戏、拍照，甚至可以看电影！手机发展的历史不仅代表着科技的进步，同时也是人类文明发展的见证。

火药
——让人类更具有破坏力

火药是炸药的一类。可由火花、火焰或点火器材引燃，能在没有外界助燃剂的情况下进行迅速而有规律的燃烧，并放出大量气体和热量。

🔸 中国是最早发明火药的国家

众所周知，火药是我国古代的四大发明之一。最早记载火药配方和制造工艺的是北宋的曾公亮，他曾经任过宰相，他一生最大的建树是主编了《武经总要》，并在这部长达40卷的军事科学著作中，记载了三种火药配方。英国科学史学家李约瑟博士在《中国科技史》一书中对《武经总要》作了高度的评价。他说，这本书提及火药的配方，比其他文明国家的记录都要早。

日本兵器史学家马成甫在《火炮的起源及其流传》一书中，也指出《武经总要》的记录充分证明了中国是世界上发明火药和首先使用火药的国家，比欧洲至少早300年。

最早应用的黑色火药，俗称"火药"，因火药是武器发射的能源，故在军事上称为"发射药"。根据其化学成分和性质，可分为黑色火药、单基药、双基药和高分子复合火药等。单基药主要用作引燃药或发射药。双基药和高分子复合火药可用于火箭和导弹，故称"火箭固体推进剂"。

↑ 旧的火药桶

🔸 火药对人类的贡献

恩格斯曾高度评价过中国在火药发明中的首创作用："现在已经毫无疑义地证实了，火药是从中国经过印度传给阿拉伯人，又由阿拉伯人把火药武器一道经过西班牙传入欧洲。"火药的发明大大地推进了历史发展的进程，是欧洲文艺复兴的重要支柱之一。

神奇的发明

手枪
——最轻便的武器

手枪是一种单手发射的短枪,它短小轻便,具有突然开火的特点,通常在50米内有良好的杀伤威力。手枪由于短小轻便,携带安全,能突然开火,一直被世界各国的军队和警察使用。

左轮手枪

手枪经过了约500年的漫长发展、改进、演变的过程,逐渐具备了现代手枪的结构和原理,现代手枪诞生的标志是左轮手枪和自动手枪的发明。

↑ 被称为"左轮手枪之父"的塞缪尔·柯尔特

← 柯尔特1851海军左轮手枪
(摄影:Hmaag)

左轮手枪是转轮手枪的俗称,它是一种个人使用的多发装填非自动枪械。其主要特征是枪上装有一个转鼓式弹仓,内有5~7个弹巢(大多为6个),枪弹装在巢中,转动转轮,枪弹可逐发对准枪管。由于常见的转轮手枪在装弹时转轮由左摆出,因而又称左轮手枪。

世界上第一支具有实用价值的左轮手枪是由美国人塞缪尔·柯尔特在1835年发明的。在此之前,早在16世纪,在欧洲就曾出现过火绳式左轮扳手枪,后来又出现了燧发式转轮手枪。但是柯尔特以前的左轮手枪一是需用手拨动转轮,或是用手扳动击锤带动转轮到位,然后才能扣压扳机完成单动击发;二是枪弹的击发火得不到解决,所以它们应用不广。

而柯尔特发明的左轮手枪具有底火撞击式枪机和螺旋线膛枪管,使用锥形弹头的壳弹,并且扣动一下扳机即可联动完成转轮、待击发两步动作。这使左轮手枪第一次真正具有了良好的实用价值,得到了世界各国的广泛使用。虽然人们又对左轮手枪进行了一些改进,但它的基本结构和原理依然保持着柯尔特发明时的原样。所以柯尔特被称为"左轮手枪之父"是当之无愧的。

手枪的发展

手枪出现的时代，说法大相径庭。一种说法是手枪出现在 1540 年，由意大利人造出了皮斯托亚手枪。另一种说法是，1419 年，胡斯信徒在反对西吉斯蒙德的战争中使用了一种哨声短枪，手枪因此而得名。

手枪应用于军事领域，可以追溯到 16 世纪中叶。1544 年，德国骑兵在伦特战斗中，对法军使用了单手转轮打火枪。随后法国也出现了相同的手枪骑兵。金属弹壳发明后，击发式手枪便出现了，其首要标志是美国人伊桑·艾伦设计了胡椒盒手枪，即多管旋转的击发手枪。接着，英国和欧洲大陆也开始生产此类胡椒盒手枪。

1835 年，美国军人柯尔特发明了装有底火撞击与线膛枪管的左轮手枪，这是第一支真正成功并得到广泛应用的左轮手枪。同年，史密斯·韦森研制出新型斯柯菲德 11.43 毫米左轮手枪。

1889 年毛瑟手枪问世，确立了自动手枪的结构。1893 年，德国制造了第一支实用的博查特 7.63 毫米自动手枪。德国人卢格对该枪又进行了改进，这就是世界闻名的卢格手枪。在两次世界大战期间，自动手枪得到了很大的发展，出现了许多结构新颖、性能优良的自动手枪，如美国的柯尔特 M1911 式及 M1911A1 式 11.43 毫米手枪，比利时的勃朗宁 9 毫米大威力手枪，意大利的伯莱塔 M1934 式 9 毫米手枪，奥地利的斯泰尔 9 毫米手枪等。

著名的枪械设计师约翰·摩西·勃朗宁出生于美国一个颇有声望的军械世家，1897 年后移居到比利时。勃朗宁曾根据博查特的发明设计了多种性能优良的手枪，其中某些类型的勃朗宁手枪至今仍在许多国家的军队中装备使用。

从 19 世纪末自动手枪出现到现在，尽管手枪特别是近代手枪在技术上并没有重大的突破，但仍得到了一定的发展，包括手枪自动原理和结构的改进与发展，而且手枪的口径也经历了一个由大到小，又由小到大的发展过程。

← 早期的左轮手枪

← 最佳的突然开火的轻便武器——手枪

步枪
——最佳的近战武器

步枪是步兵单人使用的长管枪械。主要用于发射枪弹杀伤有生力量,有效射程300~400米。同时步枪还可用刺刀、枪托进行格斗。

步枪发展史

步枪的发展过程基本上与手枪类似,都经过火绳枪、燧发枪、前装枪、后装枪、线膛枪等几个阶段,以后又由非自动改进发展成为半自动和全自动步枪等。

实际上,步枪的起源,最早的记载是中国南宋时期出现的竹管突火枪,这是世界上最早的管形射击火器。随后,又发明了金属管形射击武器——火铳,到明代又有了更大的发展。

↑ 闻名世界的 AK-47

15 世纪初,欧洲开始出现最原始的步枪,即火绳枪。到 16 世纪,由于点火装置的改进,火绳枪又被燧发枪取代。从 16 世纪至 18 世纪的 300 年间,囿于当时的技术条件,步枪都是前装枪,使用起来费时费事,极为麻烦。

到 19 世纪 40 年代,德国研制成功德莱赛击针后装枪,这是最早的机柄式步枪。这种枪的弹药即开始从枪管的后端装入并用击针发火,因此比以前的枪射速快 4~5 倍。但步枪的口径仍保持在 15~18 毫米之间。到 19 世纪 60 年代,大多数军队使用的步枪口径已经减小到 11 毫米。19 世纪 80 年代,由于无烟火药在枪弹上的应用,以及加工技术的发展,步枪的口径大多减小,一般为 6.5~8.0 毫米,弹头的初速和密度也有提高。因此步枪的射程和精度得到了提高。

19世纪末，步枪自动装置的研究即已开始。1908年，蒙德拉贡设计的6.5毫米半自动步枪首先装备墨西哥军队。第一次世界大战后，许多国家加紧对步枪自动装置的研制，先后出现了苏联的西蒙诺夫、法国的1918式、德国的伯格曼等半自动步枪。至第二次世界大战后期，各国出现的自动装置步枪性能更加优良。而中间型枪弹的出现，则导致了射速较高、枪身较短和重量较小的全自动步枪的研制成功，这种步枪也称为突击步枪，如德国的StG44式、苏联的AK-47式突击步枪等。

第二次世界大战后，针对枪型不一，弹种复杂所带来的作战、后勤供应和维修上的困难，各国不约而同地把武器系列化和弹药通用化作为轻武器发展的方向，并于20世纪50年代基本上完成了战后第一代步枪的换装。

↑士兵举着半自动步枪正在执行任务。

根据以往战争的经验、步枪的射程以及创伤弹道等问题的考虑，美国于1958年开始进行5.56毫米枪弹的小口径步枪的试验，从而导致了发射M193式5.56毫米枪弹的M16式小口径步枪的问世。该枪于1963年定型，经过越南战争后，又作了进一步改进，于1969年大量装备美国军队。鉴于这种步枪具有口径小、初速高、连发精度好、携弹量增加等优点，北约各国也都竞相发展小口径步枪，并出现了一系列SS109式5.56毫米枪弹的小口径步枪。

此后，北约绝大多数国家都完成了战后步枪的第二次换装。

近20年来，由于科学技术的飞速发展，也出现了一些性能和作用独特的步枪，如无壳弹步枪、液体发射药步枪、箭弹步枪、未来先进战斗步枪等，为步枪的发展开辟了新的途径。

坦克
——陆战霸王

坦克是具有强大直射火力、高度越野机动性和坚固防护力的履带式装甲战斗车辆，它是地面作战的主要突击兵器和装甲兵的基本装备，主要用于与敌方坦克和其他装甲车辆作战，也可以压制、消灭反坦克武器，摧毁野战工事，歼灭有生力量。

🔸 疆场上的霸王——坦克

坦克的研制是从第一次世界大战开始的，当时为了突破敌方由壕沟、铁丝网、机枪火力点等组成的防御阵地，迫切需要一种集火力、机动力和防护力为一体的新式武器。于是，英国于1915年开始研制坦克，第二年投入生产，并参与了1916年9月15日的对德作战。这种称为游民Ⅰ型的坦克靠履带行走，能驰骋疆场，越障跨壕，不怕枪弹，无所阻挡，很快就突破了德军防线，从此开辟了陆军机械化的新时代。从那时起到现在，世界上已经造出了十几万辆坦克，成为各国陆军、海军陆战队和空降兵的主战武器。

火力、机动力和防护力是现代坦克战斗力的三大要素。火力的强弱主要取决于坦克的观瞄系统、火炮威力和弹药的威力。现代坦克一般采用先进的计算机、红外、微光、夜视、热成像等设备对目标进行观察、瞄准和射击。

坦克炮可以发射穿甲、破甲、碎甲和榴弹等多种类型的炮弹，还可发射炮射导弹。不同类型的穿甲弹对目标的破坏程度有所不同，一般在2000米距离上能够穿透400毫米厚的装甲，在1000米距离上可穿透660毫米厚的装甲，在1000米以下破甲厚度可达700毫米。

除具有较大的破坏威力外，坦克炮的命中精度也很高，2000米原地对固定目标射击命中率可达80％，1500米行进间对活动目标射击能达到60％以上。如果再配合使用激光半主动制导炮弹，命中精度还会大大提高。不难看出，坦克炮的命中精度和导弹相差不大，而且穿甲、破甲和碎甲威力大大优于导弹，所以各国主战坦克仍以火炮为主要攻击武器。

地雷
——最隐秘的陆地武器

地雷是一种设置在地面或地下，受目标作用自行发火或由人操作发火的爆炸性武器。由雷体和引信组成。

🟠 地雷的起源

专门破坏坦克履带的反坦克地雷 →

最早的地雷发源于中国。1130年，金军攻打陕州，宋军使用埋设于地面的"火药炮"（即铁壳地雷），给金军以重创从而取得胜利。在明代文献中，已有多种地雷的详细记载，这说明当时中国的地雷已发展到一定水平，而欧洲在15世纪的要塞防御战中才开始出现地雷。

🟠 反步兵和反坦克地雷

地雷是一种被动性较强的防御性作战兵器，通常布设于地面或地下，用于毁伤人员、车辆。专门用来杀伤人员、马匹等有生力量和软目标的地雷称为反步兵地雷。

反坦克地雷主要是炸毁坦克履带，破坏负重轮，使坦克丧失机动能力。这种地雷在第一次世界大战中就已经使用，第二次世界大战以后，重量逐渐减轻，引信的引爆方式也有了很大改进。

← 具有防地雷功能的中型防地雷装甲车

现代反坦克地雷的重量只有5千克，多采用耐爆引信或复次压发引信。这种引信在受到炮弹、炸弹等冲击波震动和压迫时不会诱爆，只有在坦克和装甲车辆通过时才爆炸。有的还采用了全保险引信和自毁装置，己方兵力通过或踩压地雷时不爆炸，只有敌方坦克和装甲车辆通过时才爆炸。

航空母舰
——海上巨无霸

航空母舰是一种以舰载机为主要作战武器并作为其海上活动基地的大型军舰。它攻防兼备，作战能力强，能执行多种战役战术任务，具有很强的威慑力，因而倍受世界各国海军的倚重。

航空母舰是一支强大的具有高度机动性的国防和军事力量。它的存在和出现本身就是一种威慑。由于全世界大面积的海洋都属于公海，因此给了航空母舰很大的活动天地。

🟠 航空母舰的初创

在军舰上搭载飞机的初衷，是想用飞机执行侦察任务。美国飞行员尤金·伊利于1910年11月14日驾机从"伯明翰"号轻巡洋舰上起飞，两个月后又在"宾夕法尼亚"号重巡洋舰上实施了降落。英国海军不甘落后，1912年年底进行了将轻巡洋舰改装成水上飞机母舰的实践，1914年还将一艘运煤船改建成"皇家方舟"号水上飞机母舰。之后又通过多次改造"暴怒"号以摸索飞机直接从舰上起降时飞行甲板和上层建筑的最佳布局，并在1918年9月建成一艘由客船改建的具有全通式飞行甲板的"百眼巨人"号。英国人的得意之作是从1917年4月就开始着手设计的"竞技神"号，这是世界上第一艘从一开始就按航空母舰设计建造的军舰。美国人到1922年2月才将运煤船"木星"号改建成"兰利"号航空母舰。而日本海军却捷足先登，于1922年12月建成"凤翔"号，由于它是改装的，并赶在"竞技神"之前服役，因此它被认为是世界上专门设计建造的第一艘航空母舰。这一时期，可以说是航空母舰的初创阶段。

各国航空母舰的相继发展

20世纪60年代,美国建造出世界上第一艘核动力航空母舰"企业"号。"企业"号的服役使航空母舰的发展进入一个新纪元。随后,美国着手建造目前世界上吨位最大、载机最多、现代化程度最高的"尼米兹"级核动力航空母舰,并逐步取代常规动力航空母舰。

最初的3艘核动力军舰,由近至远分别是世界上第一艘核动力航空母舰"企业"号、第一艘核动力巡洋舰"长滩"号和第一艘核动力导弹巡洋舰"班布里奇"号。

英国限于经济实力,一方面把二战期间未建成的航空母舰继续完工,自己用几艘较精锐的;另一方面把精简下来的多余航空母舰卖给荷兰、加拿大、澳大利亚、巴西、阿根廷、印度等国,使得战后形成一次航空母舰大扩散。英国新建的航空母舰数量虽少,但在此时期对现代航空母舰的关键技术却做出了重大贡献,这就是斜角甲板、蒸汽弹射器、助降镜、垂直起降飞机、滑跃起飞等技术。

法国根据自己的海军战略,坚持发展中型航空母舰,并向核动力方向发展。20世纪末"戴高乐"号建成时,法国将成为继美国之后,世界上第二个拥有核动力航空母舰的国家。

苏联在20世纪60年代相继建造了2艘"莫斯科"级直升机母舰,主要任务是反潜。到了20世纪70年代,它又开始建造4艘装备各种导弹和反潜直升机、垂直起降飞机的"基辅"级航空母舰,用于担负反潜和防空任务。1991年建成服役的"库兹涅佐夫"号则是"基辅"级的改进型,它装备了比大型巡洋舰还要强的对空、对舰火力,目的是为了减少航空母舰自身对护航、警戒舰艇的依赖,所以,俄罗斯海军并不称其为航空母舰,而把它们称作重型载机巡洋舰。它们的主要任务是进行海上作战,夺取局部制海权,从而使俄罗斯航空母舰在世界航母大家族中独具特色,形成了自己的风格。

雷达
——最神奇的"眼睛"

"雷达"是英文缩略词 radar 的音译，它号称"千里眼"，能利用电磁波探测目标并测定其位置、速度和其他特征的电子设备。雷达主要由定时器、发射机、天线、接收机、终端显示设备和电源组成。

● 雷达的发明和广泛应用

雷达是人类在 20 世纪电子工程领域的一项重大发明。雷达的出现为人类在许多领域引入了现代科技手段。

1935 年 2 月 25 日，英国人为了防御敌机对本土的攻击，开始了第一次实用雷达实验。当时使用的媒体是由英国广播公司广播站发射的 50 米波长的常规无线电波，在一个事先装

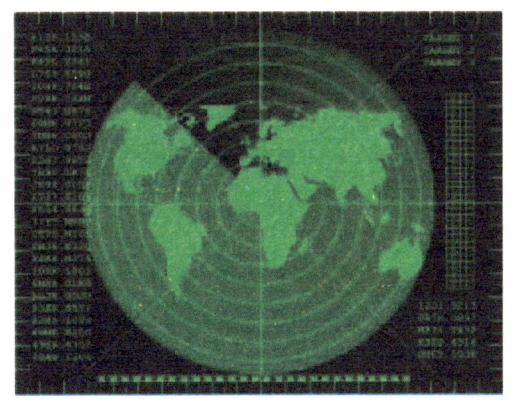

↑ 雷达可以测定目标的方向、距离、大小等。

有接收设备的货车里，科研人员在显示器上看到了由飞机反射回来的无线电信号的回波，于是雷达诞生了。

雷达是一种利用极短的无线电波进行测控的装置。它可以测定目标的方向、距离、大小等。世界上第一部雷达是由英国人沃特森·瓦特于 1935 年发明的。当时这部雷达能在 12 千米距离上发现飞行着的飞机。后来经过改进，雷达更加完善，作用更大，探测距离也更远。在现代社会，雷达被广泛应用在军事、天文、气象、航海、航空等领域。

● 二战中的雷达技术

雷达作为一种高科技电子武器，其发展决定于电子技术、作战需求和经费投入三种因素。

第二次世界大战，由于战争的需要，交战双方都集中了大量的人力、物力、财力发展自己的雷达技术。雷达技术的发展，已作为衡量一个国家科技水平、军事实力的重要标志。

由于雷达在第二次世界大战中的辉煌战绩，战后各军事强国都加速发展自己的雷达技术，且把雷达由军用领域推广到民用领域。

导弹

——最常见的毁灭性武器

> 导弹是一种依靠自身动力装置推进、由制导系统导引、控制其飞行路线并导向目标的武器。导弹通常是由弹头、制导、推进、弹体结构和弹上电源等五个分系统构成的。它可实施远距离高精度打击，承担各种战略、战术进攻和防御任务，是现代战争和高科技的产物。

● 现代战争的利器——导弹

在1944年的伦敦大轰炸中，导弹作为一种超远程、高精度的空间兵器，首次走进世界兵器王国。导弹的出现标志着进攻性兵器的一次革命。它不仅突破了诸如飞机、坦克等传统型进攻兵器的局限，而且突破了传统战场时间与空间、前方与后方的局限，从而成为当今和未来战场上天外飞来的"达摩克利斯之剑"。

虽然雏形的导弹已存在了几个世纪，但直到第二次世界大战才出现了可以作为有效战争工具的现代导弹，显示出了现代武器强大的破坏力。

现有导弹种类多样，有可随身携带、射程为几百米的手提式反装甲导弹，也有重约10吨、可运载多枚核弹头、射程可超过1万千米的导弹。

● 日益严重的导弹问题

有关导弹方面的问题，日益受到人们的关注，导弹已成为大规模毁灭性武器，尤其是核武器的首选运载工具。导弹的这种特性无疑将给人类带来更大的灾难，关于导弹的问题已具有全球性意义。

许多类型的导弹以及导弹以外的各种工具都可用来运载大规模毁灭性武器。弹道导弹的数量和射程越来越大、技术日益先进、地理分布日益扩散，这些都被视为是导弹领域安全方面最主要的问题。

↑搭载了AIM-9、AIM-120、AGM-88导弹的F-16C飞机

火箭
——带领人类飞往宇宙

火箭是依靠火箭发动机产生的反作用力推进的飞行器。主要由箭体、推进系统和有效载荷等组成。

火箭的飞行原理

人类对飞行梦想一次次进行着尝试，而航天之梦实现的最原始依据就是火箭。火箭的飞行利用了动力学中的动量守恒原理，它不但能在空气中飞行，还可以在大气层外的真空中飞行，而且由于没有了空气阻力，在真空中的飞行性能更好。通过不断地尝试，人们逐渐认识到要想进入太空，只有借助于喷气推进的火箭。

现代火箭的原理实质上就是动量守恒定律。火箭内部装有燃料和氧化剂，它们经过输送泵进入燃烧室，燃烧生成的大量炽热的高压气体从喷嘴向后方连续喷射，喷射气体的反冲力就是火箭的推动力。气体不断地喷出，火箭不断地受到向前的推动力的作用，速度也随之增大，最终达到极点。由于火箭自备氧化剂和燃料，因而不需要空气提供推动力，所以可以在空气稀薄的高空或宇宙空间飞行。

漫长的火箭发展史

火箭的发展有着漫长的历史，古今火箭在性能和结构复杂程度上相差极为悬殊，但原理却相同：依靠不断向后喷射燃气而前进。世界上公认，火箭是中国首先发明的。

明代发明的多级火箭与现代使用的集束式火箭和多级火箭原理上是一样的。

古代火箭主要用于作战，但已有人幻想利用它航天。现代火箭的产生和发展是建立在大量的理论和实验研究基础上的。由于液体燃料燃烧的理论和技术问题都比固体燃料简单，所以现代火箭是从液体火箭开始的。

核武器
——人类和平的宿敌

> 核武器是利用能自持进行的核裂变或聚变反应瞬时释放的能量,产生爆炸作用,具有大规模杀伤破坏效应的武器。核反应释放的能量比化学反应大几千万倍,反应过程在微秒级的时间内即可完成。

● 核武器发展

20世纪40~50年代研制的核武器,被称为第一代核武器。其特点是重量大,可靠性不高,主要由飞机携载,如原子弹、氢弹等。

60~70年代的核武器为第二代。这些核武器体积小,威力大,可靠性和安全性高,如中子弹。

80年代后开始研制第三代核武器,包括带金属小弹丸的小型核弹、核爆炸X射线激光武器、γ(伽马)射线弹、电磁脉冲弹、核爆炸微波武器等。

● 超强的核武器性能

1. 目标覆盖能力

核武器攻击敌方目标的覆盖能力,是由其运载工具的射程或航程反映的。

2. 毁伤能力

核武器对目标的毁伤能力由其爆炸威力、命中精度、目标特性、爆炸方式、毁伤作用等因素决定。

3. 突防能力

突防能力是指进攻型核武器在敌方拦截下的生存能力。

4. 生存能力

生存能力是指核武器在核环境下完成其发射、攻击任务的能力。

5. 可靠性

可靠性包括发射和飞行可靠性。

6. 作战灵活性

核武器的作战灵活性主要体现在:威力可调,爆高可调,同一型号导弹可使用不同种类的核弹头,具有选择和重新选定目标的能力,能迅速、实时变换攻击目标。

原子弹

——令世界离末日近些，再近些

> 原子弹也称"裂变武器"，是利用易裂变重原子核链式反应瞬间释放出巨大能量起杀伤破坏作用的武器。其主要由核装料构成的核部件、引爆控制系统、炸药部件、核点火部件和外壳等组成，威力为几百到几万吨TNT当量。

原子弹又称裂变武器，是利用铀和钚等较容易裂变的重原子核在核裂变瞬间可以发出巨大能量的原理而发生爆炸的，在爆炸的同时会放出强烈的核辐射，破坏力巨大，威力为几百到几万吨梯恩梯当量。

早在1938年年底，纳粹德国科学家奥托·汉因和弗里茨·施特拉斯曼发现了核裂变现象，并被刊登于科学杂志上。至1939年9月，科学界普遍同意制成原子弹的可能性，唯技术细节尚未明朗。除了德国外，当时研究原子弹的国家另有法国、美国、苏联、英国和日本。

战争魔头——原子弹

1939年10月，美国政府决定研制原子弹，1945年制造出3颗。1颗用于试验，两颗投在日本。1945年8月6日投到广岛的原子弹，代号为"小男孩"，重约4.1吨，威力不到20000吨。同年8月9日投到长崎的原子弹，代号为"胖子"，重达4.5吨，威力约20000吨。

其他国家爆炸第一颗原子弹的时间是：苏联——1949年8月29日；英国——1952年10月3日；法国——1960年2月13日；中国——1964年10月16日；印度——1974年5月18日。自1945年以来，原子弹技术不断发展，体积、重量显著减小，技术性能日益提高。此外，提高原子弹的突防和生存能力以及安全性能，也日益受到重视。

原子弹必是人类的心腹之患

有史以来，人类第一次成功地模拟了恒星的燃烧方式。当第一颗原子弹被引爆的时候，300千米以外的人都看到了它眩目的光彩。这种光彩完全可以毁灭地球表面的一切生物。

原子弹曾以一声巨响干脆地结束了第二次世界大战，它同时促使人们进行全新的思索，自有人类文明史以来一直沿用的解决争端的办法已不能再继续下去。这是一个严峻的事实，在一颗人类共生的脆弱的星球上，如果试图毁灭别人，也将毁灭自己。

生化武器
——最不人道的武器

生化武器包括生物武器和化学武器两种，它们都属于大规模杀伤性武器。

灾难性的生化武器

生化武器是一种特殊的大规模杀伤性武器，由生物战剂及其施放装置组成。生物战剂是战争中用来杀伤人员、牲畜和毁坏农作物的致病微生物细菌毒素，并有很强的传染性，具有污染范围广、危害时间长、传播途径多、不容易侦察等特点。

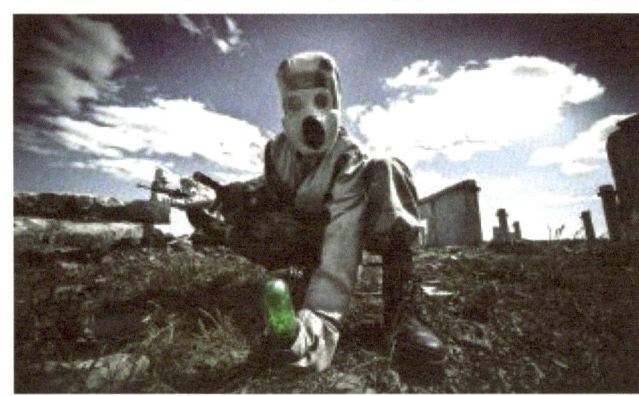

化学武器主要是化学毒剂，包括神经性毒剂、糜烂性毒剂、全身中毒性毒剂、失能性毒剂、窒息性和刺激性毒剂等，它们通过爆炸法、加热蒸发法、播撒法等散布方式，形成气溶胶状、蒸汽状、液滴状和微粉状物质，对人畜起着巨大的伤害作用。

历史的伤痕

生化武器在战争史上造成过许多严重的环境灾难。

第二次世界大战中，日军在中国实施细菌战长达12年之久，这些细菌武器污染土壤和地下水已经60多年，对居民和环境造成了严重的危害。侵华日军在中国使用生物武器造成的环境恶果至今没有完全消除。

美军在越南战争中大量使用植物杀伤剂，毁灭森林和庄稼。在所有毁坏森林的落叶剂中后果最严重的是橙色剂，它内含二恶英，毒性非常大。因此越南农民把橙色剂袭击过的地方称作死亡地带。研究表明，二恶英这种致癌物质已进入当地的生态系统，对环境造成了严重污染。

第 **4** 章

科学与技术

科技的发展曾带动了社会的突飞猛进，在近代史上，蒸汽机的发明促进了第一次工业革命，改变了人类的劳动方式，从此人类进入了机械化时代。20世纪是一个辉煌的时代，科技的发展达到了前所未有的高峰，特别是新能源的开发，更是让人们领略到了科技的伟大。

但是，在辉煌的科技成果背后却堆起了人类致命的垃圾堆，从白色恶魔废塑料、流动的城市杀手汽车，到超级污染源电池、令人恐怖的核辐射，等等。这一切让我们在短暂享受它们给人们带来的益处之后，却要用更长、更多的时间来遭受其害。

指南针
——打开了世界之门

指南针是利用磁铁在地球磁场中的南北指极性而制成的一种指向仪器，有多种形体。指南针是中国古代四大发明之一。

指南针的发明

早在春秋时期，中国劳动人民就在采矿、冶炼中逐渐认识了磁石。到战国时期就有人用磁石做成器具来判定方向，当时叫"司南"。它是在一个无沿的方盘上放置一只水勺似的磁石，水勺的柄端向南指。到北宋后期中国人民创造了人工磁铁，又创制了"指南鱼"——把用磁钢片制成的"鱼"放在水面上，以此指示方向。后来经过反复研究改进，又把磁钢片改成细小的磁钢针，并使它的尖端成为磁北极，末端成为磁南极，这就成了指南针。

指南针的传播

指南针发明以后，中国人首先把它应用在了航海事业上。南宋时，阿拉伯和波斯商人常搭乘中国的海船往来贸易，也学会了使用指南针。

指南针的发明对社会发展起到了重要作用，不仅在中国古代军事、生产、日常生活中起过重要作用，而且对促进东西方文化的交流和世界的发展都有功绩。

指南针传到世界各国以后，也都被率先用在了航海事业上。15世纪末到16世纪初，指南针技术传入欧洲，欧洲各国航海家纷纷将指南针用于航海，他们不断探险，开辟新航路，发现了美洲，完成了环绕地球的航行，极大地推动了欧洲航海事业的发展。马克思曾这样说过："指南针打开了世界市场，并建立了殖民地。"

显微镜
——让微观世界更透彻

显微镜是观察微小物体所用的仪器。显微镜分光学显微镜和电子显微镜，其中光学显微镜主要由一个金属筒和两组透镜构成，通常可以放大几百倍到几千倍。

人类对微观世界的研究

人类认识微观世界的历史是从放大镜开始的。19世纪中叶，光学显微镜的发明，导致了细胞的发现及细胞理论的建立，这是人类认识微观世界的一大突破。然而，准确的理论计算表明，无论光学显微镜的质量如何改善，其放大率只能达到1000～1500倍左右，分辨本领最多只能达到2000A。因此有必要发明一种更有效的工具，以满足人们观察微观世界的要求。

↓ 显微镜的发明大大拓宽了人类的视野，是一项极其伟大的发明。

1932年，柏林工科大学高压实验室中的年轻研究员卢斯卡和克诺尔对阴极射线示波器做了一些改进，成功地得到了铜网的放大像。尽管得到的电子像放大率仅为12倍，但它真实有力地证明使用电子束和电子透镜（磁场透镜）可以制成与光学像相同的电视像。从此，电子显微法便被正式确立了。后来人们借助于先进的电子显微镜，对微观世界的认识已深入到了病毒和原子。

显微镜的发展

世界上第一台显微镜是荷兰人简森于1604年创制的。

1665年，英国物理学家罗伯特·胡克用放大40～140倍的复式显微镜观察了木栓组织的细胞壁，撰写出版了《显微镜图志》一书。

1677年，荷兰科学家列文·虎克利用自制的显微镜观察了人和哺乳动物的精子，后来又陆续发现了红细胞和细菌等。

1695年，荷兰人惠更斯又创造了惠更斯目镜，使显微镜风行一时。

光纤技术
——让传输更美妙

光纤技术是一种以玻璃或塑胶纤维作为媒介，将信息从一端传送到另一端的传媒技术。

光纤媒介的发明

日常生活中我们观察到的光线总是沿直线传播的，没有人想到除了用镜子还有什么东西能让光线弯曲。1870年，英国物理学家廷德尔在实验中发现光线可以沿着水流传播，如果这股水流弯曲了，水流中的光线也随着"弯曲"。早在18世纪初，希腊一名玻璃工人就发现光不仅可以从玻璃细棒的一端迅速传到另一端，而且丝毫不向外界发散，像水在水管中快速流动一样。这种现象一经报道出来，就引起科学界的极大兴趣。

↑ 可以作为良好通信材料的光纤

英国伦敦帝国学院的卡帕尼博士根据光的折射原理，发明了用玻璃制成的极细的光导纤维。

1955年，卡帕尼博士发明了具有实际意义的玻璃光纤，并由此产生了纤维光学这一新的学术领域。又过了几年，英国标准电信实验室的高锟和他的同事们提出可以利用光导纤维进行远距离光信息传输。从此，光通信事业开始了它气势十足的发展历程。

军事领域的光纤应用

1. 陆战场上的"网络神经"

光纤技术在军事通信领域愈来愈具有举足轻重的地位。无论是在战略和战术通信的远程系统、基地间通信的局域网,还是在卫星地球站、雷达等设施间的链路中光纤技术都起着无可替代的作用。

2. 构建大洋中的"信息高速公路"

光纤在海军方面最重要的一项应用就是建立舰艇载高速光纤网。现代化的舰艇装备有大量的通信、雷达、导航、传感器系统和武器指挥系统等电子设备,加上其他电气设备,产生的严重的电磁干扰、射频干扰等问题得到有效解决。

3. 智能结构更显神奇

光纤技术军事应用的研究和开发于20世纪80年代中期形成高潮。进入90年代,这些研究和开发活动得到了进一步的加强。目前,一些发达国家正在利用光纤来研制智能蒙皮和武器装备的智能结构。

光纤应用在电脑上

望远镜
——看得更远

望远镜是用以观察远处物体的光学仪器。简单的一种构造是，在圆筒一端装一物镜，另一端插入可以自由伸缩的较小圆筒，小圆筒外端装一目镜。物镜利用光线折射和反射使之聚成物体的倒像，而由目镜加以放大，以便观察。

望远镜的发明

几千年来，人类用双眼观看这亘古浩瀚的星空，可惜肉眼所能观察到的现象及精确度实在有限。1608年，一位荷兰的眼镜师傅发现利用两片透镜并调整透镜位置可以看清远方的景物，仿佛是把远方的景物拉到眼前来看一般，因而发明了望远镜。

天文望远镜的组成

一套完整的天文望远镜组合是由镜筒部、架台部和脚架部三部分组成的。镜筒是收集天体的光、让我们可以观测天体的部分，有折射镜、反射镜和折反射镜三种；架台主要是用来承载镜筒部，可以灵活转动，让镜筒可以自由自在地观察各个方向的天体，有经纬台和赤道仪两种；脚架部是承载整组设备，让整组望远镜有一个稳定的支撑，有容易移动的三脚架、稳定性较佳的直柱脚架和固定式的基座脚架等三种。

不断发展的望远镜

第一个获得望远镜专利的人是荷兰光学仪器商汉斯·利珀希，他在1608年申请到了该项专利。

利珀希随后便毫不迟疑地着手制作望远镜。他出售了许多望远镜给荷兰政府。当水手们认识到望远镜在船上非常有用时，望远镜也就被考虑应用在军事上和航海上了。

意大利科学家伽利略在1609年也制作了一台望远镜，这便是世界上第一台天文望远镜，伽利略很快就用它来研究行星和恒星。

神奇的发明

伽利略用他的望远镜获得了令人惊异的发现。他研究太阳、金星、木星及其卫星,以及其他许多天体。他的观察最终导致了宇宙全新的视野。从伽利略时代以来,望远镜一直是天文学研究中最重要的仪器。

伽利略制作的望远镜是折射式望远镜。1668年,牛顿利用光线反射的方式,发明了反射式望远镜。这是天文望远镜的一大突破,因为反射式望远镜在制造上远比折射式望远镜容易得多,并且没有折射式望远镜的色差现象,能让观测质量大幅提升。

1672年,法国人盖赛格林变更了牛顿式反射镜的焦点位置,发明了盖赛格林式反射望远镜,让反射式望远镜更容易操作。

1938年,德国人史密特把折射式望远镜及反射式望远镜合而为一,发明了折反射式望远镜,也就是史密特式望远镜(史密特照相机),这一发明开创了望远镜的另一个新纪元。

无线电波望远镜的发明,把天文望远镜所能看到的波长延伸到所有的电磁波长,让我们观察宇宙的视野不只局限于可见光,进行了天文望远镜的另一次革命。

↑ 天文望远镜

↑ 荷兰光学仪器商利珀希

↑ 1609年,伽利略创制了天文望远镜(后被称为伽利略望远镜),并用来观测天体。

避雷针
——雷电时建筑物的安全卫士

避雷针是一种防止直接雷击的装置。由金属棒构成，装在独立构架或建筑物顶上。它与引下线和接地装置配合，能把一定范围内的高空雷电引向自身，泄入大地，以保护周围建筑物或屋外电气装置免遭或少遭雷击。

🍊 避雷针的历史

雷电是地球上最常见的一种自然现象。避雷针的发明迄今已有240多年的历史，由于它的保护，使无数的高楼大厦摆脱了雷电的威胁，为人类的文明和繁荣做出了贡献。

我们祖先早在西汉就发明了避雷装置，并在实践中应用。据《后汉书》记载，在一次当时的重要宫殿未央宫和柏梁台遭雷电袭击发生火灾不久，一位方士向汉武帝建议，在宫殿的屋脊上安装"鸱鱼"来防止灾难。

此后两千年来，我国古建筑的屋脊上大多安装了这一类金属瓦饰，尽管没有引导线与地面连接，但这类瓦饰高于建筑物之上，使得即使是猛烈的落地雷，也常常只击毁了瓦饰而保全了建筑物主体。

↑ 1752年6月，富兰克林冒着生命危险，进行了著名的费城风筝试验，证明了他的"闪电和静电的同一性"设想。

🍊 富兰克林与避雷针

富兰克林最卓越的贡献是在电学史上树起了一块丰碑。他的成就开创了电学史的新纪元。富兰克林用著名的风筝试验，证实了他的观点：闪电就是一种放电现象。

1752年6月，在费城一次雷雨天气中，富兰克林把风筝放入空中，冒着生命危险，把"天电"引入了莱顿瓶，成功地证实了闪电的特性。1753年他在充分研究了"天电"特性并进行大量实验的基础上发现了尖端放电现象，从而发明了避雷针。这是人类在征服大自然的道路上迈出的具有重大意义的一步。

蒸汽机
——工业革命的标志

蒸汽机也称"往复式蒸汽机"。利用蒸汽在汽缸内膨胀，推动活塞运动而产生动力的一种往复式发动机。它的配汽机构按规定时刻使蒸汽进入汽缸内膨胀做功，也按规定时刻使做过功的乏汽自汽缸中排出，保证活塞连续不断地做往复运动。

蒸汽机发明和改进

1763年，有一台被送到了大学的蒸汽机发生故障，需要瓦特负责修理。瓦特和另外几个人详细地研究起来。

这台蒸汽机是一个名叫纽克曼的苏格兰铁匠发明制造的，这在当时是最先进的蒸汽机了。在纽克曼之前，有许多人都对将蒸汽当作动力用于生产怀着很大的兴趣。

← → 瓦特及其发明的蒸汽机原理图

在1688年，法国物理学家丹尼斯·帕潘，曾用一个圆筒和活塞制造出第一台简单的蒸汽机。但是，帕潘的发明没有实际运用到工业生产上。10年后，英国人托易斯·塞维利发明了蒸汽抽水机，主要用于矿井抽水。

1705年，纽克曼经过长期研究，综合帕潘和塞维利发明的优点，创造了空气蒸汽机。而瓦特在1796年制成了有分离冷凝器的单动式蒸汽机。这种蒸汽机比纽克曼的蒸汽机具有显著的优点，可节省75%的燃料。但他并没有满足于已取得的成就，1782年，他又成功地制造了联协式蒸汽机。1784年瓦特对它进行了改进，为它增加了一种自动调节蒸汽机速率的装置，使它能适用于各种机械的运动。

1807年，美国人富尔顿把瓦特的蒸汽机装在轮船上，从此宣告帆船的时代结束了。

1814年，英国人斯蒂芬孙把瓦特的蒸汽机装在火车上，陆路运输的新时代开始。19世纪三四十年代，蒸汽机在欧洲和北美被广泛采用，这就是所谓的"蒸汽时代"。

↑ 老蒸汽拖拉机

蒸汽机发明的重大意义

蒸汽机的发明拉开了第一次工业革命的序幕，从此人类进入蒸汽时代，蒸汽机替代了人类劳动，缩短了社会必要劳动时间。

对蒸汽机的重要性无论怎样估计都不为过。当然在工业革命中出现了许多其他发明，如在采矿、冶炼和机械业等许多方面都有所发明。其中的几项发明如滑轮梭子（约翰·凯，1733年）和勒尼纺纱机（詹姆斯·哈格瑞夫斯法，1764年）皆出在瓦特着手研究蒸汽机之前。其他发明中的大多数只代表了小的改革，没有哪一项能单独地对工业革命起举足轻重的作用。

然而蒸汽机则不同，它起着关键性的作用，可以说没有它，就没有第一次工业革命。在它之前虽然风车和水轮有一定的用途，但是主要的动力源一向是人体，这个因素严重地限制了工业生产力。随着蒸汽机的发明，这条限制消除了。有了可以供生产使用的巨大能量，生产也就随之有了巨大的增长。

1973年禁运石油使人们认识到缺乏能量是多么严重地阻碍了工业的发展，这个经历使人们认识到瓦特的发明对工业革命的重要意义。

蒸汽机的发明拉开了第一次工业革命的序幕，而利用蒸汽机制造的火车则承载了近现代工业文明。

火车
——最佳的轨道交通工具

铁路早期皆以蒸汽机车为牵引动力,机车上燃煤火光炽烈,因此被称为火车,后来泛指列车。火车是一种主要的交通工具,它的出现曾一度带动了社会的发展,为世界各国的物质交流提供了便捷。

第一个火车头"布鲁克"

斯蒂芬孙出生于1781年,父亲是煤矿上的蒸汽机司炉工,母亲没有工作,一家8口全靠父亲的工资生活,日子过得十分艰难。14岁那年,斯蒂芬孙来到煤矿当了一名见习司炉工。他很喜欢这个工作,别人下班了,他却认真地擦洗机器,清洁零部件。由于频繁拆拆装装,他逐渐掌握了机器的结构,很快又掌握了机械、制图等方面的知识。

↑↓ 斯蒂芬孙和他的火车头"布鲁克"

一次,他用书本上学到的知识,结合工作的实际,设计了一台机器。煤矿上的总工程师看到他设计的机器草图,大加赞赏,这给了斯蒂芬孙很大的鼓励。由于他的勤奋努力,不久,斯蒂芬孙成为了一名熟练的机械修理工。

后来斯蒂芬孙开始研制蒸汽机车,他改进了产生蒸汽的锅炉,把立式锅炉改成卧式锅炉,并作出了一个极有远见的重大决断,决定把蒸汽机车放在轨道上行驶,在车轮的边上加了轮缘,以防止火车出轨,又在承重的两条路轨间加装了一条有齿的轨道。

因为当时考虑蒸汽机车在轨道上行驶,虽可避免在一般道路上因自身太重而难以行走的缺点,可在轨道上也会产生车轮打滑的问题,所以,在机车上装上棘轮,让它在有齿的第三轨上滚动而带动机车向前行驶。

1814年,斯蒂芬孙的蒸汽机车火车头问世了。他发明的这个铁家伙有5吨重,车头上有一个巨大的飞轮。这个飞轮可以利用惯性帮助机车运动,斯蒂芬孙为他的发明取了个名字叫"布鲁克"。这个"布鲁克"可以带动总重量约30吨的8个车厢。在以后的10年间,他又造了11个与"布鲁克"相似的火车头。

第一列火车的诞生

1825年9月27日,在英国的斯托克顿附近挤满了约4万名群众,铜管乐队也整齐地站在铁轨边,人们翘首以待,望着那蜿蜒而来的铁路。忽然人们听到一声激昂的汽笛声,一台机车喷云吐雾地疾驶而来。机车后面拖着12节煤车、20节车厢,而且车厢里还有大约450名旅客。斯蒂芬孙亲自驾驶着世界上第一列火车。

火车驶近了,大地在微微颤动。所有的观众都惊呆了,简直不敢相信自己的眼睛,不敢相信眼前的这个铁家伙竟有这么大的力气。火车缓缓地停稳,人群中爆发出一阵雷鸣般的掌声和欢呼声。铜管乐队奏出激昂的乐曲,七门礼炮同时鸣放,人们庆祝世界上诞生了火车。这列火车以每小时24千米的速度,从达灵顿驶到了斯托克顿,铁路运输事业从此开始。

至此,火车的优越性已充分体现了出来:它速度快、平稳、舒适、安全可靠。随即在英国和美国掀起了一阵修筑铁路、建造机车的热潮。仅1832年这一年,美国就修建了17条铁路。而斯蒂芬孙作为这个革命性运输工具的发明者和倡导者,解决了火车铁路建筑、桥梁设计、机车和车辆制造的许多问题。他还在国内和国外许多铁路工程中担任顾问。就这样,火车在世界各地很快发展起来。直到今天,火车仍然是世界上重要的运输工具。

汽车
——最普遍的交通工具

一种能自行驱动的主要供运输用的无轨车辆。原称"自动车",因多装用汽油机,故简称汽车,沿用至今。

汽车的发明

1886年德国工程师卡尔·本茨在曼海姆制成了世界上第一辆汽车,该车只有三个轮子,采用一台二冲程单缸0.9马力的汽油内燃机,具备现代汽车的基本特点,如火花点火、水冷循环、钢管车架、钢板弹簧悬架、后轮驱动、前轮转向等。人们把卡尔·本茨制成第一辆三轮车的1886年视为汽车诞生之年。

世界汽车业的发展

19世纪末,汽油内燃机的发明为汽车的研制提供了新型动力。戴姆勒为了给各种交通工具提供动力,设计了一种快速运转的发动机,并运用了最新的热管燃烧装置。燃料由传统的煤气燃料改为液体燃料(汽油)。与此同时,本茨也制成了四冲程内燃发动机,不同的是,他运用电子打火装置,利用火花塞使发动机获得了令人惊叹的速度。

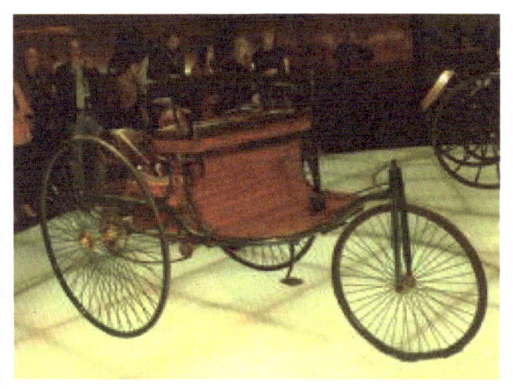

↑ 1886年1月29日是汽车诞生的日子,这一天,由卡尔·本茨设计和制造的世界上第一辆能实际应用的三轮内燃机发动的汽车获得了专利证书。

1886年7月,本茨首次试开他的三轮汽车。车子由金属管构架,不仅漂亮而且轻巧。这也是世界上第一辆真正的汽车。此后,汽车制造作为一种工业,迅速在欧洲和北美洲国家兴起。

1893年,杜瑞亚兄弟制造出了美国最早的汽油内燃机汽车。1903年,美国制造出后来以完成横穿美洲大陆而闻名的帕卡特汽车。美国通用汽车公司于1905年制造出凯迪拉克牌汽车。1907年,意大利生产出了以车速快而著称的菲亚特汽车。1907年,英国制造出了噪声小、故障率低的劳斯莱斯汽车。从此,汽车作为一种崭新的交通工具走进了人们的生活。

自行车
——绿色环保的交通工具

自行车又称"脚踏车"、"单车",是一种以双脚驱动的两轮交通工具。

● 自行车的发明

发明自行车的是德国人德莱斯。德莱斯原来是一个看林人,每天都要从一片林子走到另一片林子,多年走路的辛苦,激起了他发明交通工具的欲望。他想:如果人能坐在轮子上,那不就走得更快了吗?就这样,德莱斯开始设计和制造自行车。他用两个木轮、一个鞍座、一个安在前轮上起控制作用的车把,制成了一辆轮车。人坐在车上,用双脚蹬地驱动木轮运动。就这样,世界上的第一辆自行车问世了。

↑ 为纪念德莱斯发明自行车而发行的邮票

● 自行车的发展

自世界上第一辆自行车问世至今已有200多年的历史。德国人德莱斯发明了最原始的自行车。它只有两个轮子而没传动装置,人骑在上面,需用两脚蹬地驱动车轮向前滚动。

1801年,俄国人阿尔塔马诺夫设计出世界上第一辆用踏板踩动的自行车。

1817年,德国人冯·德莱斯在自行车上安装了方向舵,使其能改变行驶方向。

1839年,苏格兰人麦克米伦制造出木制车轮,装实心橡胶轮胎,前轮小、后轮大,坐垫较低,装有脚踏板和曲柄连杆装置,骑者可以双脚离开地面的自行车。同年,他又将木质自行车改为铁制自行车。

1867年,英国人麦迪逊设计出第一辆装有钢丝辐条的自行车。

1869年,在德国斯图加特出现了由后轮导向和驱动的自行车,同时车上采用了滚珠轴承、飞轮、脚刹、弹簧等部件。

神奇的发明

1886年，英国人詹姆斯把自行车前后轮改为大小相同，并增加了链条，使其车形与现代自行车基本相同。

1887年，德国曼内斯公司将无缝钢管首先用于自行车生产。

1888年，英国人邓洛普用橡胶制造出内胎，用皮革制造出外胎，以此作为自行车的充气轮胎。从此，基本奠定了现代自行车的雏形。

自行车在我国的发展

我国的自行车是1887年从英国输入的。到1949年时，我国自行车产量是15万辆。而到了1978年，年产量已达到854万辆，一跃而居世界第一位，成为自行车的王国。

绿色环保的交通工具

自行车具有无能耗、无噪声、使用方便、结构简单和价格低廉等特点，因此无论是在发达的工业国家还是发展中国家，对自行车发展都不遗余力。特别是全球受到严重环境污染威胁的今天，自行车更是一种"绿色交通工具"。

↓如今，自行车已经成了都市人心中最为环保的出行工具。周末，一家人骑着自行车一起去郊游已经成了越来越多的人们选择的放松方式。

齿轮
——小事物改变大世界

齿轮是轮缘上分布着许多齿的，能互相啮合的机械零件，相互啮合的齿轮可以传递运动和动力。

齿轮的发明和发展

关于齿轮，据说在希腊时代就有了很多设想。希腊著名学者亚里士多德和阿基米德都研究过齿轮。大约在公元前150年，希腊著名的发明家古蒂西比奥斯在圆板工作台边缘上均匀地插上销子，使它与销轮啮合，他把这种机构应用到刻漏上，这可能是最早的齿轮应用。

在公元前100年，亚历山大的发明家赫伦发明了里程计，在里程计中使用了齿轮。公元1世纪时，罗马的建筑家毕多毕斯制作的水车式制粉机上也使用了齿轮传动装置。到14世纪，开始在钟表上使用齿轮。15世纪的大艺术家达·芬奇发明了许多机械，也使用了齿轮。但这个时期的齿轮与销轮一样，齿与齿之间不能很好地啮合。这样，只能加大齿与齿之间的空隙，而这种过大的间隙必然会产生松弛的现象。

↑齿轮是轮缘上分布着许多齿的，能互相啮合的机械零件，相互啮合的齿轮可以传递运动和动力。

后来，为了使齿轮啮合得精确，希望通过计算方法得到齿轮的形状。所以数学家们也参加了齿轮研究工作。

1674年，丹麦天文学家雷米尔发表了关于制造齿轮的基准曲线（摆线）的论述。1766年，法国的数学家卡诺又发表了更详细的论述。1767年，瑞士数学家欧拉对渐开线原理发表了新的研究见解。1837年，英国的威列斯创造了制造渐开线齿轮的简单方法。这样，在生产中渐开线齿轮取代了摆线齿轮，应用日趋广泛。

神奇的发明

↑ 小小齿轮改变大世界

齿轮的分类

齿轮可按齿形、齿轮外形、齿线形状、轮齿所在的表面和制造方法等分类。

齿轮的齿形包括齿廓曲线、压力角、齿高和变位。渐开线齿轮比较容易制造，因此在现代使用的齿轮中，渐开线齿轮占绝大多数，而摆线齿轮和圆弧齿轮应用较少。

在压力角方面，小压力角齿轮的承载能力较小；而大压力角齿轮虽然承载能力较高，但在传递转矩相同的情况下轴承的负荷增大，因此仅用于特殊情况。而齿轮的齿高已标准化，一般均采用标准齿高。变位齿轮的优点较多，已遍及各类机械设备中。

高速公路
——推动经济发展的纽带

高速公路是供汽车分道高速行驶的公路。能适应120千米/时或更高的速度，路面有4～6车道的宽度，中间设分隔带，采用沥青混凝土或水泥混凝土路面，在必要处设坚韧路栏。

🔸 世界上第一条高速公路

1925年，一条横跨整个美国大陆，从纽约直达旧金山的林肯高速公路贯通，这是世界上第一条高速公路。

🔸 高速公路的功能和经济效益

公路运输具有门到门直达运输的灵活性，尤其适宜于客运和鲜货、集装箱的零担运输。对于这种功能的发挥，高速公路运输显得尤为突出。

↑ 随着高速公路管理要求的不断提高，收费管理、数据通信、图像监控已经是现代化高速公路建设中必不可少的一部分。

有些发达国家在较长运距的运输中，相比较而言，公路比铁路的效率更高、运量更大、成本更低。据统计，1970—1972年19个发达国家的公路与铁路客、货运输周转量年平均值之比分别为9.2∶1和2.9∶1。

高速公路在运输速度方面有很大的优势，如日本名神高速公路建成后比原有公路节约旅程时间约75%。高速公路比其他公路肇事率和死亡率也低得多。

各国高速公路里程一般只占公路总里程的1%～2%，但其所担负的运输量占公路总运输量的20%～25%。高速公路造价高，用地多；但行车速度高，通行能力大，交通事故率小，故其投资费用一般只要7～10年即可由于其所节约的行车费用（包括燃料消耗、轮胎磨耗、汽车修理和养路费支出等）和运行时间以及所减少的行车事故而得到回偿。因此，许多国家当交通量发展到一定程度时，只要财力许可就修建高速公路。

神奇的发明

磁悬浮列车
——悬空飞驰的交通工具

磁悬浮列车，也称为"磁垫车"，它采用电磁吸力或电磁斥力悬浮导向，是由直线电动机推进的列车。

🟡 磁悬浮技术

1922 年，德国工程师赫尔曼·肯佩尔提出磁悬浮列车的构想，为人类寻求更快速度的新陆路交通工具推开了探索之门。数十载光阴过后，目前世界上只有 3 个国家仍在继续进行磁悬浮系统的研究，分别是德国的、日本的和中国的。日本科学家经过 10 多年努力，耗资 230 亿日元，于 1979 年研制出世界第一辆超导磁悬浮列车。

🟡 两种不同的磁悬浮理论

高速磁悬浮列车是 20 世纪的一项技术发明，其原理并不深奥。它是运用磁铁"同性相斥，异性相吸"的性质，使磁铁具有抗拒地心引力的能力，即"磁性悬浮"。

根据吸引力和排斥力的基本原理，国际上磁悬浮列车有两个发展方向。一个是以德国为代表的常规磁铁吸引式悬浮系统——EMS 系统，利用常规的电磁铁与一般铁性物质相吸引的基本原理，把列车吸引上来，悬空运行，悬浮的气隙较小，一般为 10 毫米左右。常导型高速磁悬浮列车的速度可达每小时 400～500 千米，适合于城市间的长距离快速运输。另一个是以日本为代表的排斥式悬浮系统——EDS 系统，它使用超导的磁悬浮原理，使车轮和钢轨之间产生排斥力，使列车悬空运行，这种磁悬浮列车的悬浮气隙较大，一般为 100 毫米左右，时速可达 500 千米以上。这两个国家都坚定地认为自己国家的系统是最好的，都在把各自的技术推向实用化阶段。

飞机
——为人类插上飞翔的翅膀

> 飞机是一种有动力装置的重于空气的航空器。主要由机翼、尾翼、机身、起落装置、动力装置和操纵系统等部分组成。

↑ 1909年6月，威尔伯·莱特（左）和奥维尔·莱特（右）兄弟在美国俄亥俄州代顿的家门口合影。

"飞行者"一号的诞生

1903年秋，莱特兄弟成功制造出世界上第一架动力飞机"飞行者"一号，实现了人类飞行的梦想。这是一架用轻质木料为骨架、帆布为蒙皮的双翼机，驾驶者俯卧在下层机翼正中操纵飞机，它能平稳地直飞，还能操纵它转向飞行。1903年12月17日早晨，弟弟奥维尔·莱特驾驶着"飞行者"一号进行了世界上首次动力飞行。这次具有历史意义的飞行持续了12秒，飞行距离约为36米。

飞机的最初发展

继莱特兄弟之后，法国、美国等多个国家的工程师都陆续研制出自己的飞机。1909年7月25日，法国的布莱里奥驾驶着他的小型单翼机首次飞越多佛尔海峡，从法国飞抵英国，完成了人类的跨海飞行。

1919年6月14日，英国的阿尔科克上尉和布朗中尉驾驶"维米"式飞机从纽芬兰起飞，历时16小时27分飞抵爱尔兰，航程3000多千米，完成了人类首次跨越大西洋的飞行。

中国最早的飞机设计师和飞行员冯如从 1907 年开始研制飞机，他是中国卓有贡献的航空先驱之一。此后的飞机研制越来越科技化，越来越追求高空高速。

多样的飞机类别

飞机按用途可以分为军用机和民用机、研究机；按机翼的数量可分为单翼机、双翼机和多翼机；也可以按机翼的形状分为平直翼飞机、后掠翼飞机和三角翼飞机；我们还可以按飞机的发动机类别分为螺旋桨式和喷气式两种。

先进的喷气式飞机

早期的飞机靠机身前端的螺旋桨旋转产生牵引力向前运动。螺旋桨产生的牵引力不大，飞机飞行的速度也不快。1939 年 8 月 27 日，第一架喷气式飞机飞行成功，大大提高了飞机的飞行速度。

飞机的重大作用

飞机是人类历史上第一种有动力、载人、持续、稳定、可操作的飞行器。飞机的首次成功飞行，距今已有 100 多年。百年历史在人类长河中只不过是一个短暂的瞬间，但在这个百年中，人类不仅学会了飞行，而且飞得越来越高，越来越快，越来越远。飞机的发明，改变了全球的交通、经济，改变了产业结构和人类的生活。

人类在向地球深处进军时，飞机也被广泛应用于地质勘探。人们使用装备了照相机或者电子设备的飞机，可以迅速而准确地对广大地区，包括险峻而难以到达的地方进行测绘。

轮船
——专属海洋的交通工具

> 轮船是水上运载工具,利用机器推进的船的总称。有的可在水下航行,如潜艇;也有系泊不航的,如趸船等。早期的船多用木材建成,19世纪后期出现铆接结构的钢船。

● "轮船"一词的来历

"轮船"一词始于我国唐代。唐代李皋发明了"桨轮船"(车轮船),桨轮船的两舷装着会转动的桨轮。桨轮外周装上叶片,它的下半部分浸在水中,上半部分露出水面。由人力踩动车轮,叶片拨水,推进船舶。因这种桨轮露出水面,所以称为"明轮船"或"轮船",以便和人工划桨的木船、风力推动的帆船相区别。

"明轮船"复原模型 →

● "克莱蒙特"号的问世

被人们称为"轮船之父"的罗伯特·富尔顿是美国机械工程师、画家。他在1807年7月设计出排水量为100吨、长45.72米、宽9.14米的汽轮船"克莱蒙特"号。船的动力是由72马力的瓦特蒸汽机带动车轮拨水。8月17日,"克莱蒙特"号载有40名乘客从纽约出发,沿着哈德孙河逆水而上,31小时后,驶进240千米以外的奥尔巴尼港,平均时速7.74千米。"克莱蒙特"号的始航揭开了轮船时代的帷幕。

此后,"克莱蒙特"号定期在哈德孙河上航行,成为世界上第一艘蒸汽轮船,奠定了轮船不容摇撼的地位。其后不到5年,欧洲与美国就出现了50艘蒸汽轮船在定期航线上航行。

船舶的工作原理

轮船是利用物体漂浮在水面的原理工作的。把密度比水大的钢材制成空心的使它排开更多的水，增大可利用的浮力。轮船在河里和海里都是浮体，因而所受浮力相同，根据阿基米德原理，它在海水里比在河水里浸入的体积小。

船舶的发展

船是水路上的主要运输工具。船的起源国尚无定论。早在公元前6000年，人类已在水上活动。世界上最早的船可能就是一根木头，人们由试着骑到水中漂浮的较大的木头上，从而想到了造船。

中国是世界上最早制造出独木舟的国家之一，并利用独木舟和桨渡海。中国古代航海造船技术的进步，在国际上处于领先地位。

在近代船舶发展史上，第一位将蒸汽机装到船上的人是法国的帕潘，那是在1695年。之后到了1787年，美国人费奇也造了一艘用蒸汽机在船的两侧划水的船。还有英国人辛明顿，他在1803年也造出一艘同样的划水船。但一般说来，轮船的发明人当属美国发明家富尔顿。他本人有多项发明，轮船只是其中之一。

↓ 1866年，英国人J. M. Gray设计出世界上第一艘全自动蒸汽轮船——"东方"号（Great Eastern）。右下图为被称为"轮船之父"的美国机械工程师、画家——罗伯特·富尔顿。

轮船的重大贡献

轮船的发明对人类社会生活做出了巨大的贡献，在世界航运史上写下了崭新的一页。它是海上交通最大的工具，缩短了各大洲的距离，并且被广泛运用到远洋航行和海洋勘测中。在火车、轮船发明后，产生了工业经济，由于金融的载体作用以及产品的远距离运输，使资本主义迅速发展。

照相机
——记录每个瞬间

照相机是一种摄影工具，一般由机身、暗箱、镜头、快门、感光片装置以及测距器、取景器、测光系统等部分组合而成。基本结构为一个不透明的暗箱，一端装镜头，一端装感光片，景物的光线通过镜头，在感光片上结成影像。

↑ 法国发明家、艺术家和化学家达盖尔

↓ 这张1838年年末或者1839年年初在巴黎拍的《坦普尔大街街景》是第一张拍到人的照片。照片曝光时间很长，约有10分钟，因此虽然大街上交通繁忙，但都没有被拍进照片，只有一个擦鞋的人因为站的时间足够久而被拍进了画面。

一线阳光穿过孔洞射进黑暗的房间，可以在与之相对的墙壁上映出外界的倒像，这种现象叫"针孔成像"，这一原理成为今天照相机成像的基础。

1725年，德国的一位解剖学家舒尔茨在阳光充足的实验室中做提取磷的实验时，意外地发现了烧瓶中受光部分的化合物变成紫黑色。这一变化引起了他的兴趣，在继续进行研究后，终于确定，引起这一变化的是银。他的发现，成为后人研究照相技术的基础。

1802年，英国人韦奇伍德把树叶和画在玻璃板上的图案放在用硝酸银和丹林处理过的纸上进行直接曝光，纸上显现出了影像。但由于无法定影，影像不能保存下来。

1826年，德国人尼普森用涂有沥青粉和熏衣草油的金属板置于暗箱内，历时8小时的曝光，获得了世界上第一张不褪色的外景照片。但由于曝光时间过长，光线的移动变化使照片上的物体模糊不清。随后，尼普森又进行过多次试验，最后发现了在金属板上镀银，然后再喷碘的方法。他随即把这一发现告诉了他在法国的同行达盖尔。不久，尼普森去世，达盖尔继续此项研究。他用碘蒸气处理镀银铜板，然后，将其置于暗箱内曝光，曝光后再用水银蒸气进行显影和用食盐液定影，用这种方法获得的照片清晰稳定，可永久保存。1839年，达盖尔将这种方法公诸于世，并定名为银板照相法。

与此同时，英国科学家塔尔博特发明了使用硝酸银和碘化钾的光力照相法。光力照相法与银板照相法相比，虽然成像不如银板清晰，但感光速度快，用料价格低廉，而且可以用一张底片洗印出很多张照片，其形式更接近于现代照相术。

1851年，英国人阿切尔也发明了一种新的照相技术。他把硝棉胶涂在玻璃上，推出了玻璃板硝棉胶板摄影法，该方法吸取了银板照相法的优点，不仅成像清晰，而且也能够多次洗印，曝光时间也大为缩短。然而，缺点是玻璃感光板必须在拍摄现场制作。每次拍摄都需携带大量的用品，很不方便，在使用了一段时间后，便被英国人马多克斯发明的玻璃干板所替代。

1868年，美国人发明了赛璐珞。美国的古德温首先利用这一发明进行照相感光材料的研制。1887年，一种以赛璐珞胶片作片基，上面涂有感光乳剂的轻便、可绕成卷装在相机里连续分段拍照的感光胶卷问世。1884年，美国的伊斯曼工厂开始成批生产赛璐珞胶卷，并研制出了使用这种胶卷的小型照相机。1888年，伊斯曼柯达公司又根据英国物理学家麦克斯韦所发现的原理，在赛璐珞胶片上涂上三层能分别感受红、绿、蓝三色的感光剂，制成了彩色胶卷，使彩色摄影终成现实。

计算机
——引领人类走进信息时代

计算机是数字运算工具之一。原为机械结构，用以做加、减、乘、除、开平方、开立方等运算。随着电子技术的发展，出现了电子计算器和电子计算机，结构轻巧，运算速度快，功能多。

世界上第一台电子计算机 "埃尼阿克"

世界上第一台电子计算机是美国的莫克莱和埃克特在1946年发明的，名为"埃尼阿克"，装有18000多支电子管和大量的电阻、电容，第一次用电子线路实现运算。计算机重30吨，占地170平方米。主要用于计算弹道和氢弹的研制。

↑ 世界上第一台电子计算机"埃尼阿克"

↑ 世界上第一台电子计算机的发明者埃克特（左）和莫克莱博士（右）

计算机的更新换代

第一代：（1946—1958年）以电子管为主要组件，使用机器语言，存储量小，但运算速度已达到每秒几千次到几万次，主要用于科学计算。

第二代：（1958—1964年）以晶体管为主要组件，使用高级程序设计语言，运算速度每秒几万次到几十万次，除用于科学计算外，还扩大到数据处理和工业控制方面。

第三代：（1964—1970年）以中、小规模集成电路为主要组件，机种多样化、系列化，外部设备不断增加，尤其是终端设备和远程通信设备迅速发展；软件功能进一步完善，运算速度每秒几十万次到几百万次，已广泛应用于各个领域。

第四代：（1970年开始）采用大规模集成电路和半导体存储器，体积更小，出现了由多台计算机组成的综合信息网络，深入到社会生活的各个方面。此时运算速度每秒几千万次，最高达每秒几亿次。

神奇的发明

现在研制的电子计算机采用超大规模集成电路及其他新的物理器件为主要组件，能处理声音、文字、图像和其他非数值数据，并有推理、联想和学习、智能会话和使用智能库等人工智能方面的功能。

电子计算机的组成

计算机是用来处理信息，用以计算的，但如何处理，如何计算，关键取决于软件。我们操作计算机，为使硬件有条不紊地工作，必须给计算机发出指令，安排合理的工作顺序，这个指令就叫做程序。而电子计算机的整个程序系统就叫软件。

电子计算机的程序有两大类，一种是应用程序，另一种是系统程序。我们也可把它们叫做应用软件或系统软件。按照使用者所给出的一串串指令和数据进行工作，指令串就构成了应用程序；供用户使用的、常与电脑硬件直接联系的软件叫系统软件。它一方面负责人与电脑之间交换信息，另一方面负责组织、协调电脑各部分的工作。

↑ 计算机已成为人们生活中不可或缺的一部分。

电子计算机硬件包括5个部分：运算器、存贮器、控制器、输入装置、输出装置。运算器、内存贮器、控制器称为主机部分，输入、输出装置、外存贮器称为外部设备。

计算机发明的意义

电子计算机的发明标志着真正意义上的信息技术开端。计算机的发明，使人类进入了第三次产业革命——信息化技术革命的新时代。它为人类的科技、经济、工作、生活、学习等各领域带来了深刻的影响和变化，人类社会正向信息化社会过渡，与信息化社会相适应的社会技术是信息技术，信息技术的核心是计算机技术、通信技术和网络技术。

机器人
——另外一种"人类"

机器人亦称"机械人"。是一种能模仿人的某种活动的一种自动智能机械。一般能实现行走和操作生产工具等动作，也能模拟人类部分逻辑思维活动，具有类似视觉、听觉、嗅觉等感觉功能，可在人所不能适应的环境下代替人工作。

🔅 机器人的发展

目前世界上已有数十万台机器人（1995年共有65万台工业机器人在工作），按机器人的发展水平可分为三代。

第一代机器人是可编程的机器人，以示教再现机器人为代表。示教再现机器人按照人"教"它的动作顺序，自动重复地进行工作，但对外界没有感觉和适应能力，更没有智力。示教方法有"手把手"教，还有采用示教盒进行编程输入或直接用键盘输入编程"教"。

第二代机器人具有感觉器官和电脑，电脑对感觉器官获得的信息进行分析，作出判断，产生控制信号，操纵机械手和行走机构动作。它能适应外界环境的变化，完成各种较复杂的工作。

第三代机器人就是智能机器人，它能接受人的指令（比如声音命令），感觉并识别周围环境，电脑在积累知识的基础上进行学习和思考，作出决策，独立自主地制订或修改工作计划，产生控制信息，控制各部分协调工作，完成各种复杂工作。

机器人专家从应用环境出发，又将机器人分为两大类，即工业机器人和特种机器人。

所谓工业机器人就是面向工业领域的多关节机械手或多自由度机器人。

特种机器人则是除工业机器人之外的，用于非制造业并服务于人类的各种先进机器人，包括：服务机器人、水下机器人、娱乐机器人、军用机器人、农业机器人、机器人化机器等。

← 机器人可模拟人类部分逻辑思维活动。

神奇的发明

机器人的工作原理及应用

机器人的组成也是仿人的。机器人一般有如下几部分：电脑及控制装置，相当于人脑及神经系统；胳膊及手爪，相当于人的胳膊和手；轮子或脚（两只脚或多足），相当于人的腿和脚；各种感觉装置（传感器）以及与外界联系的装置，相当于人的口、耳、眼、鼻以及皮肤上的感觉神经；能源装置，相当于人的内脏；传动装置（由马达、链条、拉杆、齿轮等组成），相当于人的肌肉。

从机器人的结构上看，可以说：
机器人＝电脑＋传感器＋机械手＋行走装置。

现实机器人的外形并不一定像人，但其功能却与人的某些功能相似。机器人是代替人的仿人机械。它的机械手可以完成各种操作，比如搬重物、焊接工件、装配机器、摘果实、剪羊毛、挤牛奶、扫地、擦玻璃、洗衣服、做饭、端茶喂饭、弹琴作画、写字等。机器人可以用"脚"在地面上移动，在水中游，在墙壁上和海底爬行，在山路和楼梯上步行，跨越障碍。

机器人的感觉器官可以看见外界物体景象，听见声音，检测物体的位置及运动速度，感知与物体接近和接触，检测所抓物体重量，分辨手爪所抓物体的形状、大小以及滑动与否等。电脑能够分析、计算、判断、思考和作决策，产生控制作用，由传动装置使机器人的手和脚完成操作和动作。

由于机器人的特殊性能，不仅在医疗、救灾上发挥了重要作用，并且还被运用在勘探、航天、探险等人类本身无法完成更高难度的领域中。

电池
——携带轻便的"能量源"

通常所说的电池一般指化学电池——将化学能直接转化成电能的装置。主要部分包括正负两个电极和电解质,使用时用导线把两个电极和外电路连接,即有电流流过,称为放电,从而获得电能。

伏特发明了电池

对于电池的发明,意大利物理学家伏特起了决定性的作用。他从意大利解剖学和医学教授伽伐尼的"生物电"试验中获得启发,认为稳恒电流存在的条件是存在着不同的导体组成的闭合回路。1793年伏特给出了一个金属系列,即锌、锡、铅、铁、铜、铂、金、银、水银、石墨。他认为"不用动物,也可以产生电流,只要互相接触的两种金属相距越远,引起的震颤就越强"。总而言之,"这种金属不是简单的导电或电流的传导者,而是电的真正发动者"。伏特的发现使人们摆脱了伽伐尼动物生电理论的禁锢。

伏特坚持电流接触说,并改进了自己的实验,以带电容器的静电计取代了作为电流指示器的动物的切片,来测量两种不同金属之间的接触电位差,并用自己发明的麦秆式验电器检验出了两种不同的金属接触时产生的微弱电流。他将其取名为"人工电"或"金属电"。

1799年,他把铜片和锌片成对地叠成30～40对,在这些金属之间夹进用盐水浸湿的布块,制成"伏特电堆",产生了可以连续流通几小时的电。

1800年,伏特致函英国皇家学会,报告了新电池的发明,并展示了第一个电

↑ 电池的发明者——伏特

↑ 伏特电堆示意图

池。他称自己的电池"有取之不尽用之不竭的电"、"不预先充电也能给出电击"。伏特是第一个试验并提出电压及放电概念的物理学家，为了纪念他，电压的单位被命名为"伏特"。

电池带来的严重污染

随着日常生活中电子产品的增多，电池的使用量也越来越大，人类不得不面对电池污染所带来的环境问题。电池污染的周期长、隐蔽性大，甚至处理不当还会造成二次污染，这主要是由电池的主要组成成分决定的。

废旧电池的危害主要集中在其中所含的少量的重金属上，如铅、汞、镉等。这些电池的组成物质在使用过程中，被封存在电池壳内部，并不会对环境造成影响。但经过长期埋入土壤或水源，就会通过各种途径进入人的食物链。

生物从环境中摄取的重金属可以经过食物链的生物放大作用，逐级在较高级的生物中成千上万地累积，然后经过食物进入人的身体，在某些器官中长期积蓄，难以消除，造成慢性中毒。

中国是干电池的生产和消费大国，一年的产量达 150 亿块，居世界第一位；消费量约为 70 亿块，平均每个中国人一年要消费 5 块干电池。据报道，仅 2000 年我国电池产量和消费量就高达 140 亿块，占世界总量的 1／3 左右，而且，电池的生产与消费数量还在逐年增加。因此，在中国废旧电池的污染尤为严重，亟需引起人们的关注。

↑ 伏特发明的电池

↓ 日常生活中经常见到各种类型的电池。

电灯

——带领人类冲出黑暗的战神

电灯是照明用的电气器具。最早的是利用电流使物体炽热、发光的白炽灯。完善而实用的白炽灯由美国爱迪生发明。现在常见的电灯包括水银灯、日光灯、霓虹灯、弧光灯等。

电灯——光明使者

在电灯问世以前，人们普遍使用的照明工具是煤油灯或煤气灯。这种灯因燃烧煤油或煤气，因此有浓烈的黑烟和刺鼻的气味，并且要经常添加燃料，擦洗灯罩，因而很不方便。更严重的是，这种灯很容易引起火灾，酿成大祸。多少年来，很多科学家想尽办法，想发明一种既安全又方便的电灯。终于在1879年，爱迪生发明了电灯，宣告人类进入了一个光明世界。

种类不同的电灯

我们常用的电灯分为白炽灯和荧光灯。白炽灯（俗称"电灯泡"）是把钨丝制成的灯线密封在球形玻璃灯泡里，灯泡中抽成真空或充以特殊的气体保护灯丝。当电流通过灯丝时，使灯丝达到非常高的温度，放出光来。白炽灯只把少量的电能变成可见光，其余的变成热辐射放出，因而效率不高。荧光灯（俗称日光灯）是在玻璃灯管中充入少量水银蒸气和惰性气体，灯管内壁涂有荧光粉。通电后，水银蒸气在电的作用下发射出紫外线，荧光粉吸收紫外线就放出很接近日光的可见光。荧光灯的效率比白炽灯高，因此比同样功率的白炽灯要亮得多。

↑ 爱迪生发明的那盏电灯

↑ 爱迪生发明了电灯，对人类来说是最伟大的贡献。

核能
——令人生畏的能源

核能也叫原子能，是核结构发生变化时放出的能量。质子、中子依靠强大的核力紧密结合在一起，一旦使原子核分裂或聚合，就能释放出巨大的能量，这就是核能。核能是能源家族的新成员，它包括核裂变能和核聚变能两种主要形式。

核能的裂变和聚变

裂变，是核物理中把重核分裂成质量较小的核，释放出核能的反应。裂变能是重金属元素的原子核通过裂变而释放的巨大能量，目前已经实现商业化。因为裂变反应需要的铀等重金属元素在地球上含量稀少，而且裂变反应堆会产生长寿命放射性较强的核废料，这些因素限制了裂变能的发展。

← 核电站的巨大冷却塔

聚变，是另一种核能形式，是目前尚未实现商业化的核能。核聚变是两个较轻的原子核聚合为一个较重的原子核，并释放出能量的过程。自然界中最容易实现的聚变反应是氢的同位素氘与氚的聚变，这种反应在太阳上已经持续了50亿年，氘在地球的海水中蕴藏量非常丰富。因此，聚变能是一种无限的、清洁的、安全的新能源。这就是为什么世界各国，尤其是发达国家不遗余力，竞相研究、开发聚变能的原因所在。

核能的发现

1939年，德国科学家奥托·哈恩发现了元素铀的同位素235U原子核在中子的轰击下可以发生核裂变并同时放出能量，很多重核同位素，如233U、239Pu等，都能产生核裂变反应。而核裂变反应放出的能量比化学反应大得多，这预示了核能利用的前景。

除了 235U 等裂变可以释放出核能外，氢的同位素，如氚（3H）的原子核在一定条件下也可以聚合成氦（He）原子核，同时释放出能量，这也是核能的一种形式。我们通常将核裂变反应放出的核能称为"裂变能"，而核聚变反应放出的核能称为"聚变能"。

灾难性的核污染

核污染是指由于各种原因产生的核泄漏甚至爆炸而引起的放射性污染。其危害范围大，对周围生物破坏极为严重，且持续时期长，事后处理危险复杂。

1986 年 4 月 26 日，苏联切尔诺贝利核电站发生核泄漏事故，爆炸时泄漏的核燃料浓度高达 60%，且直至事故发生 10 昼夜后反应堆才被封存，放射性元素一直超量释放。事故发生 3 天后，附近的居民才被匆匆撤走，但这 3 天的时间已使很多人饱受了放射性物质的污染。

由于这次事故，核电站周围 30 千米范围内被划为隔离区，附近的居民被疏散，庄稼被全部掩埋，周围 7 千米内的树木都逐渐死亡。在日后长达半个世纪的时间里，10 千米范围以内将不能耕作、放牧；10 年内 100 千米范围内被禁止生产牛奶。

切尔诺贝利核电站最终被关闭，不仅如此，由于放射性烟尘的扩散，整个欧洲也都被笼罩在核污染的阴影中。临近国家检测到超常的放射性尘埃，致使粮食、蔬菜、奶制品的生产都遭受了巨大的损失。核污染给人们带来的精神上、心理上的不安和恐惧更是无法统计。

2011 年日本在地震后出现核泄漏事故，震惊了全世界，引发了人们对核电站及核能源的思考，究竟这种能源怎样才能被人类合理、安全地利用。

互联网

——让世界从此变成"村落"

互联网亦称"国际互联网",是将分布于全球近百个国家的数万个电脑网络连接在一起,拥有数千万个用户的通信网。网上的任意一个用户遵循共同的计算机通信协议,共享资源,彼此交织形成单一的虚拟网络。

互联网的形成与发展

1968 年,BBN 公司赢得了美国国防研究计划署(ARPA)关于接口信息处理器的研究计划。为此,泰德·肯尼迪议员专门为他们发送了一份电报,表示对 BBN 的这种精神的赞赏。1969 年,剑桥大学的 BBN 和 MA 开始负责具体执行 ARPA 的一项用于连接美国西南部的四所大学的主要计算机的计划。同年 12 月,网络连接成功,互联网(即 Internet)初步创立起来。

1973 年,温顿·瑟夫和罗伯特·卡恩联合发表了互联网基础协议"TCP/IP",奠定了互联网技术的基础。1980 年,美国国防部对其进行了修改,并于 1983 年开始普遍使用。同时,局域网和其他广域网的产生和蓬勃发展进一步推动了互联网的发展。美国国家科学基金会 NSF 建立的美国国家科学基金网 NSFnet 是其中最杰出的成就。

1986 年,六大超级计算机中心在 NSF 建立成功,接着,NSF 建立了自己的基于 TCP/IP 协议簇的计算机网络 NSFnet。它先是在全美建立了按地区划分的、和超级计算中心相连接的计算机广域网,再将各超级计算中心连结起来,NSFnet 就这样建成了。这一举措使全美国的科学家、工程师都能够共享 NSF 的超级计算机设施。

NSFnet 使互联网实现了向全社会开放的目的,这一点是它对互联网最大的贡献。然而,随着网上通信量的迅猛增长,NSF 不得不采用更先进的网络技术来适应快速发展的需要。1990 年 9 月,一个非赢利性的组织——先进网络和科学公司 ANS 由 Merit、IBM 和 MCI 公司联合建成。

111

这个组织建立的目的是创立一个全美范围的T3级主干网,它能以45Mb/s(相当于每秒传送1400页文本信息)的速率传送数据。1991年年底,NSFnet的全部主干网都已同ANS提供的T3级主干网相通。ANS的建立目的达到了。互联网使人们进入了信息化时代。

在互联网上,我们可以了解到各行各业的市场前景与发展,来自社会生活的方方面面的信息构成了一个信息社会的缩影,使我们足不出户就可知天下事。

← 互联网上的内容几乎无所不包,让人们能够通过它看到、学到更多的资讯与知识,但同时也引发了网络犯罪、网瘾等严重的网络灾难。

严重的网络危害

网络诈骗:利用互联网进行诈骗已经成为当今世界上第二种最为常见的投资诈骗形式。

泛滥成灾的网络垃圾:从在互联网可以发送电子邮件的那一天开始,种种垃圾信件也随之产生了,给人们的正常生活带来了极大的困扰。

恶意抢注域名:在互联网刚刚普及时,就出现了域名抢注的现象,抢注域名者除了出于恶作剧的心理之外,主要还是想在当事企业注意到这一点时向其卖出以大赚一笔。

色情网站防不胜防:由于互联网可以在全球范围内传递有声的、图文并茂的多媒体信息,并具有迅速、使用方便和难以监控的特点,因此,它成为了一些依靠传播色情信息来赚钱的不法分子的重要工具。

瘟疫一般的电脑病毒:计算机病毒破坏力惊人,通常能在一瞬间就导致无数系统瘫痪、大量重要数据被毁。面对这种情况,专业的病毒查杀工具应运而生,但仍是防不胜防,众多互联网用户更是无能为力。近年来,频频爆发的计算机病毒犹如瘟疫一般,通过互联网不断袭击着世界上每一个国家的电脑系统,每年都会令众多企业、政府部门损失巨大。

神奇的发明

激光
——最具穿透力的光源

某些物质原子中的粒子受光或电的激发，由低能级的原子跃迁为高能级原子，当高能级原子的数目大于低能级原子的数目，并由高能级跃迁回低能级时，就放射出相位、频率、方向等完全相同的光，这种光叫做激光。

激光的发明

1960年5月15日，在休斯公司的一个研究室里，年轻的美国物理学家梅曼正在进行一项重要的实验。他的实验装置里有一根人造红宝石棒。突然，一束深红色的亮光从装置中射出，它的亮度是太阳表面的4倍！这是一种完全新型的光，科学家渴望多年而自然界中并不存在的光，它被命名为 Laser，是英文"受激辐射光放大"的缩写，这就是激光。产生激光的装置被称为激光器。

激光和激光器的问世，被称为20世纪最重大的科学发现之一。

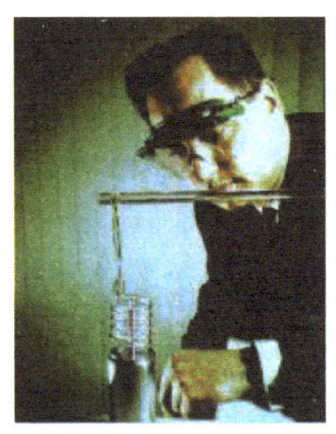

↑↓ 正在做激光实验的梅曼

不断发展的激光

1958年12月15日，美国《物理评论》杂志发表了肖洛和汤斯的题为《红外和光的微波激射》论文，宣告"将微波激射技术扩大到红外和光频谱区段时……产生了极其单色的和相干的光"，这就是激光。他们从氦的受激发射着手，提出可能应用的工作介质材料。为此，贝尔实验室的 A.詹万用氦原子与电子非弹性碰撞方法使氦原子处于亚稳态，使其释放的能量激发了氖原子，在1959年提出氦—氖激光器的原理。

1960年，美国休斯研究室的梅曼运用固体的红宝石做实验，研制成功世界上第一台红宝石激光器。梅曼将氙闪光灯发出的光照

113

射在红宝石上,红宝石由于受激而发射出方向高度集中的强光束——激光。第一台红宝石激光器的发明为现代各种激光器的研制奠定了基础。自激光器发明后,由于激光的单色性、方向性、相干性和高亮度极好,为人类带来了一种崭新的强光源。

激光产生的重大意义

激光是 20 世纪中叶以后几十年内发展起来的一门新兴科学技术。它是现代物理学的一项重大成果,是量子理论、无线电电子学、微波波谱学以及固体物理学的综合产物,也是科学与技术、理论与实践紧密结合产生的灿烂成果。

激光科学从它的孕育到初创及发展,凝聚了众多科学家的创造智慧,其中美国物理学家汤斯所做的开创性工作尤为突出。他在量子电子学领域中的基础研究,为微波激射器和激光器的发明奠定了基础。

汤斯的科学探索经历是非常值得我们学习和总结的一份珍贵科学遗产,他的科学探索精神给进行知识创新的后人以启示和借鉴。

↑ 激光技术已广泛运用于人们的生活中,如医疗、美容、工业、商业演出等。它的不断发展必将照亮我们现代生活的各个方面。

太阳能技术

——让阳光不仅仅是阳光

太阳能技术是一种把太阳辐射能通过转换装置转换为电能或热能供人们利用的技术。

● 太阳能利用

人们将太阳能作为一种能源和动力加以利用,距今已经有 300 多年的历史。1615 年法国工程师所罗门·德·考克斯发明了第一台利用太阳能加热空气使其膨胀做功而抽水的机器,这就是最早的太阳能利用。

20 世纪 50 年代,太阳能利用领域出现了两项重大技术突破:一是 1954 年美国贝尔实验室研制出 6% 的实用型单晶硅电池,二是 1955 年以色列人提出选择性吸收表面概念和理论,并研制成功选择性太阳吸收涂层。这两项技术的突破,为太阳能利用进入现代发展时期奠定了基础。

20 世纪 70 年代以来,鉴于常规能源供给的有限性和环保压力的增加,世界上许多国家掀起了开发利用太阳能和可再生能源的热潮。1973 年,美国制定了政府级的"阳光发电"计划,1980 年又正式将光伏发电列入公共电力规划,累计投入资金达 8 亿多美元。1992 年,美国政府颁布了新的"光伏发电"计划,并制订了宏伟的发展目标。

20 世纪 90 年代以来,联合国召开了一系列有各国领导人参加的高峰会议,讨论和制定世界太阳能战略规划、国际太阳能公约,设立国际太阳能基金等,推动全球太阳能和可再生能源的开发利用。开发利用太阳能和可再生能源成为国际社会的一大主题和共同行动,成为各国制定可持续发展战略的重要内容。

20 多年来,太阳能利用技术在研究开发、商业化生产、市场开拓等方面都获得了长足发展,成为世界快速、稳定发展的新兴产业之一。

太阳能利用的优缺点

优点:

1. 普遍性:太阳光照射的面积散布在地球各个角落,仅因入射角不同而造成光能各异。太阳能不会被少数国家或地区垄断,造成无谓的能源危机。

2. 永久性:太阳的能量极其庞大,科学家计算出至少有600万年的期限,对于人类而言,这样的时间可谓是无限。

3. 无污染性:现今使用最多的矿物能源,其滋生的问题越来越多,其中主要是污染物的排放,能源耗竭越多,产生的污染也就相对增加,太阳能则没有危险性和污染性。

4. 和平性:在人类与自然和平共处的原则下,使用太阳能最不伤和气,且投入使用后将不再需要费用。如果设备使用得当,每年所产生的能量是十分可观的。

缺点:

1. 稳定性差:受日夜交替季节气候的影响,太阳能不断地发生变化。

2. 装置成本过高:基于现在的技术,吸收太阳能的受光面积须达一定规模方有效果,因此相对地成本提高。

3. 目视污染:有人针对太阳能的污染问题提出了"目视污染",即庞大的太阳能收集器造成视觉上的污染。

← 地球上的风能、水能、海洋温差能等都是来源于太阳。

人造卫星
——太空时代的到来

人造卫星是环绕行星或卫星运行的人造天体。是人工研制并由运载火箭航天飞行发射到宇宙空间的物体。一般作为"人造地球卫星"的简称。

🟡 各国卫星相继发展

1957年10月4日，苏联发射了世界上第一颗人造地球卫星。在20世纪50年代末到60年代初期，各国发射的人造卫星主要用于探测地球空间环境和进行各种卫星技术试验。60年代中期，人造卫星开始进入应用阶段，各种应用卫星先后投入使用。从70年代起，各种新型专用卫星相继出现，性能不断提高。到1984年年底，世界各国共发射了3022颗人造卫星。美国于1958年2月1日发射人造地球卫星"探险者"一号，60～70年代法国、日本也发射了本国的卫星。

中国于1970年4月24日发射了人造地球卫星"东方红"一号，到如今，已发射了多种不同类型的人造地球卫星。

↑ 1970年4月24日，中国在第一个火箭发射实验基地——酒泉卫星发射中心成功发射第一颗人造地球卫星"东方红"一号，中国航天事业的序幕从此拉开。

🟡 "伴侣"一号的标志性意义

1957年10月4日，苏联发射第一颗人造卫星"伴侣"一号成功，此举标志着苏联在太空探险的新旅程。它能不断地发出无线电信号，对空间环境、天体和地球本身进行观测和研究，为人类了解地球、宇宙提供了极大的便利条件，它标志着人类太空时代的到来。

🟡 人造卫星的种类和构造

人造卫星是个兴旺的家族，如果按用途分，它可分为三大类：科学卫星、技术试验卫星和应用卫星。科学卫星是用于科学探测和研究的卫星，主要包括空间物理探测卫星和天文卫星，用来研究高层大气、地球辐射带、地球磁层、宇宙线、太阳辐射等，并可以观测其他星体。技术试验卫星是进行新技术试验或为应用卫星进行试验的卫星。航天技术中有很多新原理，新材料，新仪器，其能否使用，必须在天上进行试验；一种新卫星的性能如何，也只有把它发射到天上去实际"锻炼"，试验成功后才能应用；人上天之前必须先进行动物试验……这些都是技术试验卫星的使命。应用卫星是直接为人类服务的卫星，它的种类最多，数量最大，其中包括：通信卫星、气象卫星、侦察卫星、导航卫星、测地卫星、地球资源卫星、截击卫星等。

人造卫星由包含各种仪器设备的若干系统组成，这些系统可分为专用系统和保障系统两类。专用系统是指与卫星所执行的任务直接有关的系统，大致可分为探测仪器、遥感仪器和转发器三类。科学卫星使用各种探测仪器（如红外天文望远镜、宇宙线探测器和磁强计等）探测空间环境和观测天体；通信卫星经过通信转发器和通信天线传递各种无线电信号；对地观测卫星使用各种遥感器（如可见光照相机、侧视雷达、多光谱相机等）获取地球的各种信息。保障系统主要有结构系统、热控制系统、电源系统、无线电测控系统、姿态控制系统和轨道控制系统。有些卫星还装有计算机系统，用以处理、协调和管理各分系统的工作。返回型卫星还有返回着陆系统，它由制动火箭、降落伞和信标机组成。

人造卫星开辟了人类新的视野

人造卫星有着广泛的用途。无线通信、卫星转播电视和互联网都离不开卫星。有了卫星，人们可以实现地球两端的人互相通话而不需海底电缆；通过卫星云图，人们可知三天内气候变化情况；通过卫星，军事情报机构能知道他国最近又有什么新的军事动态，等等。人造卫星的发明标志着人类的活动范围已经从陆地、海洋、大气层扩大到了宇宙空间，为人类的航天史开创了新纪元。

神奇的发明

宇宙飞船
——帮助人类探究地外的文明

> 宇宙飞船是指用多级火箭作运载工具，从地球上发射出去能在宇宙空间航行的飞行器。

载人宇宙飞船是一种天地往返运输器，也是载人航天器中最小的一种。每艘飞船只能使用一次，在太空一般可单独飞行数天到十余天，它也能作为往返于地面与太空站、地面与月球及地面与行星之间的"渡船"，还可与空间站或其他航天器对接后联合飞行。除了载人飞船外，还有货运飞船和载人货运混合飞船。载人宇宙飞船又可分为卫星式、登月式和星际式三种。

遨游在太空中的苏联"联盟"号宇宙飞船

"东方"一号

苏联率先制造出宇宙飞船。1961年4月12日苏联的"东方"一号宇宙飞船发射成功，这是人类的第一艘宇宙飞船。

"阿波罗"宇宙飞船

宇宙飞船迄今已经发展了好几代了，目前投入使用的宇宙飞船却屈指可数，可是对有些国家来说，在自己国家航天飞机尚未问世时，宇宙飞船仍然是其发展的重要目标。宇宙飞船的发展是极其艰难的，我们来看看"阿波罗"宇宙飞船的发展历程吧：

从1969年5月25日开始，到1972年12月底，美国为实施阿波罗计划总共进行了17次飞行试验。阿波罗计划也并非一帆风顺。1967年1月27日，"阿波罗"1号宇宙飞船的3名宇航员，在当地时间13时进入飞船座舱时，座舱因电路短路产生火花而起火，3名身着不能防火宇航服的宇航员被大火产生的毒气呛死。"阿波罗"1～10号飞船进行登月试验活动。11～17号均采取实践登月行动，有6艘飞船到达了月球。

"阿波罗"飞船登月并非是直奔而去，而是采用月球轨道交合法，即宇宙飞船从地球轨道进入月球轨道，整艘飞船并不在月球着落，而是分离出一艘小登月舱待勘查完毕后，登月舱飞离月球，与飞船会合，再脱离月球轨道，并转入地球轨道，回到地球。

阿波罗计划总共花了11年半的时间，耗费了250亿美元，收集了384.2千克的月球土壤岩石样品，并在月球上设置了一些仪器设备，但它是美苏冷战时期的表演仪式，实用价值不大。

宇宙飞船使人类实现了登月计划

千百年来，人类一直渴望遨游太空，这个梦想终于在20世纪由载人宇宙飞船率先实现了。1961年4月12日，苏联宇航员加加林乘坐"东方"号载人宇宙飞船升空，成为世界航天第一人，开创了载人航天的新纪元。此举不仅使加加林名扬四海，宇宙飞船也因此蜚声全球。从那时起至今，人类已发射了多种宇宙飞船。

神奇的发明

纳米技术
——让世界走向更微观

> 纳米技术是在纳米尺度（1~50纳米）上研究物质的特征和相互作用，以及如何利用这些特征的科学。包括纳米生物学、纳米机械学、纳米材料学、原子/分子操纵和表征学、纳米制造学等。

纳米技术的提出

"纳米技术"这一名称最初是由谁提出的，已无从考证。最早点燃纳米技术导火索的是美国逻辑物理学家理查德·费曼博士于1959年进行的演讲。

纳米技术的发展

在工业革命以前，大部分人类生产、科研不需要用到毫米，"毛估估"的做法说明了我们对这个世界认知的粗浅。以蒸汽机等机械发明为主要标志的第一次工业革命，将人类认知推向毫米层次。

↑纳米技术就是从原子、分子的层面上识别和控制物质。

第二次工业革命，发明了电，从机械时代进入微电子时代，毫米不够用了，毫米的千分之一——微米诞生。随着科学技术的发展，微米层次的局限越来越明显，例如，电脑芯片虽然已越做越小，但即将达到材料的物理极限，只有进入另一个层次——纳米层次，才会有更大的突破。比如将现在的笔记本电脑变得像手表一样小或更小可以把它固定在纺织品面料上，这就是飞跃。

1959年，诺贝尔奖获得者、被认为是继爱因斯坦之后最为伟大的理论物理学家理查德·费曼教授提出："为什么我们不可以从单个分子，甚至原子出发，并进行组装以达到我们的要求？物理学的规律不排除一个原子一个原子的制造物品的可能。"这是关于纳米技术最早的梦想，而在当时却并没有引起人们足够的注意。

20世纪70年代，科学家开始从不同角度提出有关纳米科技的构想。1974年，科学家唐尼古奇最早使用纳米技术一词描述精密机械加工。

"要从分子、原子出发，制造物品，第一步得看见原子和分子"——这一关键性的突破是由德国人开始。1982年，德国科学家发明了研究纳米的重要工具——扫描隧道显微镜，人类从此可以直观地观察到单个原子了，从而揭示了一个可见的原子、分子世界，促进了纳米科技发展。

看得见原子，第二步就是要能够操纵它。1990年，美国加州IBM实验室，将35个氙原子排布成"IBM"3个字母。总面积只有几个平方纳米，人类第一次实现了操纵单个原子，纳米科技的序幕终于被拉开。

1990年7月，第一届国际纳米科学技术会议在美国巴尔的摩港市（美国马里兰州）举办，标志着纳米科学技术的正式诞生。

到了1999年，纳米技术已逐步走向市场，全年纳米产品的营业额达到了500亿美元。

近年来，一些国家纷纷制定相关战略或者计划，投入巨资抢占纳米技术战略高地。

→ 应用了纳米技术的微型硬盘机

纳米技术将带来一次产业革命

科技界认为，纳米科技是人类认识和改造世界能力的重大突破，将引发下一场新的技术革命和产业革命，现已成为21世纪科学技术发展的前沿。它不仅是国际竞争焦点领域信息产业的关键技术之一，也是先进制造业最主要的发展方向之一。正如美国IBM公司首席科学家阿莫特朗所说："正像70年代微电子技术引发了信息革命一样，纳米科学技术将成为下世纪信息时代的核心。"